与生命同行 Walking with Living Creatures

伴侣狗
健康生活指南

Guide to a Healthy Life for
Your Canine Companion

［主编］ 郑晓峰　汪　艳

CMS K 湖南科学技术出版社 · 长沙

顾　问

陈　弘　李守军

主　编

郑晓峰　汪　艳

编写人员（按姓氏笔画排序）

王凯宇　文　豪　刘怡淼　李雨霏　杨凌宸　吴林峰

汪　艳　张飞瑶　张卓慧　罗　昕　郑晓峰　高晓徽

屠　迪　曾运如　谢雨青

英文审核

彭　懿　Wegi Fekadu Gutema

插　画

付华龄

🐾 序言·与狗同行

人类文明进程中，犬类始终扮演着独特角色——从西方神话中的守护者刻耳柏洛斯到东方经典《礼记》中诠释的"犬御"之责，直至现代社会的情感伴侣，这种跨文化的共生关系正经历着前所未有的科学化转型。本书的编撰，既是对千年人犬情谊的现代诠释，更旨在推动伴侣动物养护事业高质量发展。

健康养护伴侣狗已成为衡量社会文明的重要标尺。西方发达国家研究显示，科学养护使伴侣狗慢性病发生率降低，平均医疗支出减少。我国本土化研究证实，科学喂养的中华田园犬寿命可延长好几年。这种生命质量的提升具有双重价值：微观层面，每只伴侣狗的快乐生活都是家庭幸福的组成部分；宏观层面，科学养护可大大减少流浪狗数量，降低人兽共患病传播风险。正如英国剑桥大学动物行为研究所提出的"One Welfare"理念，伴侣狗的健康直接关乎公共卫生安全与人宠和谐共生。

西方宠物养护历经百年发展，形成了特色鲜明的养护体系：澳大利亚学者推出的"五域模型"将犬类福利细化为营养、环境、健康、行为、情感五个维度；美国食品药品监督管理局（FDA）建立的宠物食品追溯系统可实现原料溯源至具体农场。我国养护文化则体现"天人合一"的东方智慧：成都犬岛公园项目首创的"人犬共融花园"，运用园林设计原理划分嗅闻区、社交区、休憩区。如今，伴侣狗健康养护已发展成为跨学科的综合课题。从中国科学院遗传学与发育生物学研究所开展的"人犬跨物种脑电波同步研究"，到北京实施的疗愈犬服务标准，创新实践不断刷新行业认知。

　　本书通过搭建知识桥梁，系统引进国际前沿的"预防性健康管理"理念，深入解析我国新修订的《中华人民共和国动物防疫法》对家庭养护的具体要求。全书围绕伴侣狗行为解析、健康饮食、日常养护、常见疾病及治疗照护这五大核心板块，全面且系统地梳理了健康养犬所需的知识和技巧，助力读者构建起一套科学、完整且行之有效的健康养犬体系与逻辑架构。期待这本融合东西方智慧的专业指南，能够真正成为每一位读者的得力助手，帮助大家掌握科学养护的精髓知识与实用技能，让伴侣狗充分享受应得的生活福利与生命尊严，共同描绘人宠和谐共生的文明图景。

孙志良

2025 年 3 月于长沙

🐾 编者寄语：生命共读的心灵对话

本书源于湖南农业大学动物医学院"耕读传家"读书会（2021—2023）的共读实践。三年来，我们深切体会到教育的本质应是唤醒生命自觉的过程。正如联合国教科文组织《学会生存》一书中所言："未来社会的文盲将不再是不识字的人，而是没有学会学习的人"[1]。当知识在平等对话中流动，我们见证了认知边界的拓展与思维深度的沉淀——这恰恰是生命教育的真谛。

一、致兽医从业者：生命健康的系统思维

建议重点关注"机械师－儿科医师"双重视角（Mechanic-Pediatrician Dual Perspective）[2]。该理论强调：兽医需兼具机械师的技术理性与儿科医师的同理心，这与我国现存的最早兽医专著《司牧安骥集》中提出的"察神观态辨虚实"的诊断哲学形成跨时空呼应[3]。书中记载的"望其眼而知五脏之变，观其步而识六腑之疾"的诊断智慧，至今仍在临床中焕发光彩。诺贝尔生理学或医学奖得主芭芭拉·麦克林托克在玉米遗传研究中展现的"对生物体的深刻聆听"[4]，启示我们应将动物视为动态生命系统。她提出的"基因组对环境的响应性"理论，恰恰与中医"天人相应"的生态医学观异曲同工，为现代兽医提供了整合生理、心理与环境的诊疗框架。

二、致青少年读者：生命的共情密码

跨物种研究揭示：人类与犬类在催产素受体基因（*OXTR*）上存在高度保守

性[5]，这解释了为何犬类能精准捕捉人类微妙的情绪变化。当主人情绪低落时，犬类唾液中的催产素水平会同步上升 26%，展现出惊人的情感共鸣能力[6]。动物辅助干预对孤独症谱系障碍患者的社交功能改善效果显著，其核心机制在于犬类能打破人际交往中的"凝视焦虑"——89% 的受试儿童在与治疗犬互动时首次出现主动眼神交流[7]。故宫《十骏犬图》中猎犬的英姿，恰是马斯洛需求理论在动物世界的具象表达[8]：从雪地荒野追踪展现的生存本能，到协同围猎实现的社会价值，最终在乾隆御题诗中升华为文化符号的自我超越。发表在权威科研杂志《Cell》的文章指出："哺乳动物共享着情感进化的深层密码，这种跨越物种的情感语言，是人类理解生命本质的通用文法"[9]。

三、致伴侣动物家庭：双向养护的科学

北宋汴京的宠物文化令人惊叹，《东京梦华录》记载的"犬类美容院"给犬类提供修剪指甲、染皮毛的服务[10]，在《武林旧事》中的"小经济"条目中，罗列了杭州城的各种小商品与宠物服务[11]。现代研究揭示，掌握动物行为学知识的宠主能更早发现疾病征兆，其犬只进入老年期的平均时间较对照组延迟 3.2 年[12]。神经科学实验捕捉到人犬互动时的脑波共

振现象：比如互相凝视可以诱导犬与人大脑前额叶神经活动同步化，而抚摸则可以诱导大脑顶叶神经活动的同步化[13]。这种生物学层面的共鸣，使养护关系超越物质供给，成为神经可塑性塑造的共生过程。理解犬类每个行为背后的生物学意义——从摇尾频率到睡眠姿态的选择，实则是解码亿万年的进化语言。

四、致所有生命关怀者：文明的温度传递

从汉代画像砖"天狗吞月"的神秘图腾，到故宫博物院"玉犬衔芝"的祥瑞意象，中华文明始终将动物纳入精神世界建构。敦煌莫高窟 257 窟的《鹿王本生图》壁画，早在 1500 年前便诠释了人与动物的伦理契约[14]。现代临床数据显示，动物辅助疗法（AAT）可以显著降低孤独症患者的焦虑和压力水平，其作用机制不仅在于使人类皮质醇水平下降，还可能源于治疗犬提供的非评判性支持环境，这种环境能够帮助患者缓解负面情绪[15]。当孤独症儿童通过犬类理解非语言交流，当阿尔茨海默病患者借由抚摸找回记忆碎片，生命的对话便超越了物种藩篱。本书试图搭建这样的桥梁：当您读懂犬类轻触鼻尖的问候礼仪，便是在续写自旧石器时代篝火旁开始的共生史诗。

导读文献

[1]　International Commission on the Development of Education. Learning to be: the world of education today and tomorrow[M]. Paris: UNESCO, 1972.

［2］　MULLAN SIOBHAN, ANNE FAWCETT. Veterinary Ethics: Navigating Tough Cases[M]. Sheffield: 5M Publishing, 2017.

［3］　李石，等 . 司牧安骥集校注 [M]. 邹介正，和文龙，校注 . 北京：中国农业出版社，2001.

［4］　MICCLINTOCK B. The significance of responses of the genome to challenge[J]. Science, 1984, 226(4676): 792-801.

［5］　NAGASAWA M, MITSUI S, EN S, et al. Social evolution. Oxytocin-gaze positive loop and the coevolution of human-dog bonds[J]. Science, 2015, 348(6232): 333-336.

［6］　NAGASAWA M, KIKUSUI T, ONAKA T, et al. Dog's gaze at its owner increases owner's urinary oxytocin[J]. Hormones and Behavior, 2009, 55(3): 434-441.

［7］　O'Haire ME. Animal-assisted intervention for autism spectrum disorder: a systematic literature review[J]. Journal of Autism and Developmental Disorders. 2013, 43(7): 1606-1622.

［8］　MASLOW AH. A theory of human motivation[J]. Psychological Review, 1943, 50(4): 370-396.

［9］　ANDERSON DJ, ADOLPHS R. A framework for studying emotions across species[J]. Cell, 2014, 157(1): 187-200.

［10］　孟元老 . 东京梦华录 [M]. 王永宽，注译 . 郑州：中州古籍出版社，2010.

［11］　周密 . 武林旧事 [M]. 李小龙，赵锐，评注 . 北京：中华书局，2007.

［12］　GILLET L, TURCSAN B, KUBINYI E. Perceived costs and benefits of companion dog keeping based on a convenience sample of dog owners[J]. Scientific Reports. 2025, 15(1): 2515.

［13］　REN W, YU S, GUO K, et al. Disrupted Human-Dog Interbrain Neural Coupling in Autism-Associated Shank3 Mutant Dogs[J]. Advanced Science,2024,11(41): e2402493.

［14］　敦煌研究院 . 敦煌石窟全集 19：动物画卷 [M]. 上海：上海人民出版社，2000.

［15］　EIN N, LI L, VICKERS K. The effect of pet therapy on the physiological and subjective stress response: A meta-analysis[J]. Stress and Health. 2018, 34(4): 477-489.

疫苗 + 登记，合法身份牌

每年注射疫苗 + 犬证更新
狗牌注明主人电话（防走失）
禁养犬种不侥幸偷养

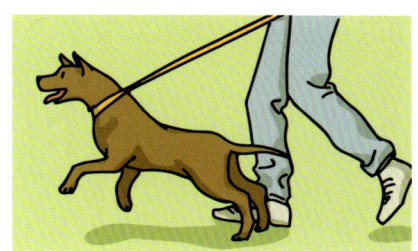

牵绳即责任，安全第一条

无论体形大小，外出必牵绳
不在小区及电梯内解开牵引绳

便便清干净，环保又体面

随身携带可降解拾便袋或报纸
带狗避开盲道及儿童游乐区如厕

社交守距离，避让弱势群

遇孕妇、幼儿和怕狗者主动收紧牵引绳
遇其他狗龇牙时迅速带离

文明承诺盖章处

主人签名：_____

狗的爪印：（可涂色区域）

主人须知 🐾

理想养狗

可爱萌宠、温馨治愈

家庭成员、忠诚守护

社交明星、可撸可抱

现实养狗

狗毛乱飞、拆家能手

六亲不认、撒手就跑

无端狂吠、深夜扰民

狗是人类最忠诚的朋友，用一生陪伴我们。然而，它们的行为体系与人类截然不同，如果我们误解了它们传递的信息，可能会影响这段美好的旅程。

翻开这本指南，让我们一起走进狗的世界，学习如何读懂它们的语言，掌握照料它们的诀窍。成为一名出色的宠物狗家长，和你毛茸茸的伙伴开启幸福生活吧！

目录

第三章　　　　**日常养护　狗的居家照顾**　⋯⋯⋯⋯ **43**

第四章　　　　　**健康检查　常见疾病及急救** ⋯⋯⋯⋯**71**

第五章

治疗照护　狗的全方位调养指南……91

第一章

犬语解析
读懂狗的行为

狗的行为

日常行为及生活习性

行为分析及建议

生理特征

肢体语言解析

年龄阶段及相关行为

生理特征

听觉（Audition）

超强听力、声音定位、灵敏警觉

视觉（Vision）

色觉较弱、轻松夜视、动态视力

嗅觉（Olfaction）

超强嗅觉、追踪搜索、识别身份

触觉（Tactility）

感知环境、探索交互、满足心理需求

味觉（Gustation）

味蕾较少、敏感度低、嗅味协同

与生俱来的生活习性

摇尾巴（Tail Wagging）

友好欢迎、紧张警告

骑跨（Mounting）

证明地位、娱乐解压、发情期

翻肚皮（Rolling Over）

亲近信任、服从示弱

吠叫（Barking）

领地意识、表达情绪、缺乏安全感

嗅闻（Sniffing）

社交仪式、分辨信息

啃咬（Chewing）

探索好奇、焦虑不安、新陈代谢

1 周龄至 6 月龄的行为

狗与人类年龄对照表

犬型	狗的年龄					
	1~12 月龄	1~2 岁	3~5 岁	6~8 岁	9~15 岁	16 岁以上
小型犬（<9 kg）	1~17 岁	18~24 岁	25~36 岁	37~48 岁	49~76 岁	77 岁以上
中型犬（9~22 kg）	1~15 岁	16~22 岁	23~37 岁	38~51 岁	52~83 岁	84 岁以上
大型犬（23~40 kg）	1~14 岁	15~20 岁	21~40 岁	41~55 岁	56~93 岁	94 岁以上
巨型犬（>40 kg）	1~13 岁	14~19 岁	20~42 岁	43~64 岁	65~115 岁	116 岁以上

* 年龄对照表仅供参考

婴儿期（1 ~ 2 周龄）

没有视觉、听觉，有嗅觉，能感受热量，完全依赖母亲。在此阶段要定时称重，确保正常生长。

社会化开始（3 ~ 5 周龄）

开始探索世界，与人类建立关系。在此阶段，狗大脑中关于学习和记忆的区域不断发育，主人可多带狗外出，便于狗适应人类社会。

活泼期（6 ~ 8 周龄）

狗开始表现个性，活泼好动。在此阶段，狗在游戏时喜欢啃咬，并学会咬合抑制（Bite Inhibition），需要主人耐心指导。

少年期（2 ~ 6 月龄）

许多狗在 2 月龄大时离开父母和兄弟姐妹，前往新家庭生活。此阶段是狗适应的最佳时期，可进行基本的服从性（Obedience Training）、定点大小便（Potty Training）等训练。

青年期（7月龄至2岁）

活力和好奇心都逐渐增强，身体逐渐发育成熟。这一时期的狗有很强的学习能力，可以接受更高级的训练。

壮年期（3～5岁）

性格逐渐成熟稳重，但精力依旧旺盛，需要充分的锻炼来保持健康和活力，主人需保证它们充分饮水，给予足够营养。随年龄增长，狗的牙齿可能出现磨损，且容易出现牙菌斑和牙结石，需定期为狗清洁牙齿，并适当补充钙和维生素。

中年期（6～8岁）

狗步入中年后，身体开始逐渐衰老，活力逐渐降低。它们的运动量可能减少，但仍需定期散步和活动。可适当减少喂食量，以防止由代谢减弱导致的肥胖。

老年期（9岁之后）

狗步入老年后，听力、视力逐渐下降，毛发变得灰白，牙齿逐渐磨损脱落，身体开始出现各种老年疾病和健康问题。要记得每年带狗去体检，评估狗的身体状况。

狗的寿命

一般来说，在妥善饲养的情况下，小型犬寿命通常在12~15年，有的甚至可以超过20年，而大型犬寿命在10年左右。狗的寿命通常取决于多种因素，包括品种、遗传、饮食和运动等。主人可以通过关注狗的健康状况和提高狗的生活质量来延长其寿命。

表情分析 🐾
（Facial Expression）

害怕

主要特征： 耳朵后推，或平贴在头上，嘴巴闭合，眼睛斜视，避免眼神交流。

愤怒

主要特征： 鼻上提，上唇拉开，露出牙齿，两眼圆睁，目光锐利，耳朵向斜后方伸直。

紧张

主要特征： 耳朵向后拉，紧盯对方，频繁舔鼻子，面部肌肉紧张。

开心

主要特征： 耳朵向前，眼神放松柔和，注意力集中，嘴巴张开。

好奇

主要特征： 眼睛睁大，耳朵前倾，注意力集中，挑眉或歪头。

哀伤

主要特征： 耳朵耷下，眼皮下垂，两眼无光，目光乞求。

表达爱意、友好欢迎的信号

舔舐

玩耍鞠躬

肢体接触

眯眼

感到紧张、发泄压力的信号

来回踱步

身体抖动

舔鼻子和嘴唇

发泄跑

常见肢体语言（二）
（Body Language）

狗害怕恐惧、攻击的信号

腿夹尾巴

身体颤抖

鲸鱼眼

耳朵紧贴头部或外翻

呲牙低吼

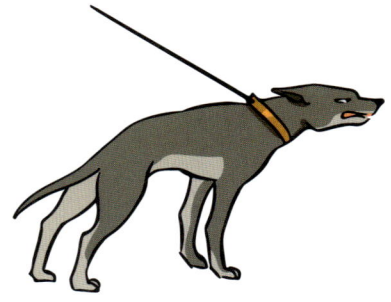

身体僵直并前倾

识别触发因素

观察狗出现攻击性行为的前兆，如遇到特定的人、动物、声音或场景。

保持冷静

你的镇定可以传递给狗，帮助它逐渐冷静下来。避免大声吼叫或使用暴力，因为这些行为可能会加剧狗的恐惧。

正面强化训练

若它在面对触发因素时能保持冷静，应立即给予表扬和奖励，帮助它建立自信和掌握正确的应对方式。

社交化训练

在专业指导下，逐步让狗在安全的环境中接触不同的人和动物，增强其适应性。注意，这需要循序渐进，避免一开始就将狗暴露于极端刺激下。

Tips!

经常夹尾巴又无明显压力来源，要及时就医。
若正常情况下身体颤抖，狗可能正在承受疼痛。

尾巴是狗的心情指向标

直立竖起
（Tail Held High and Stiff）

警觉或展示统治地位。

水平伸直
（Tail Held Horizontally）

正在接收新的信息，且目前反应平稳。

夹在两腿之间
（Tail Tucked Between Legs）

害怕、不安，或不舒服。

快速宽幅摇动
（Fast, Wide Wagging）

快乐友好，没有威胁性（尤其尾巴像是拽着臀部）。

缓慢低垂摇动
（Slow, Hesitant Wagging）

不愿进行互动，缺乏热情，或缺乏安全感。

快速短促摇动
（Fast, Short Wagging）

通常出现在打招呼时，且狗常感到犹豫不安。

Tips!

不同品种的狗尾巴会有不同的高度，需以狗竖起尾巴的平均位置来判断。此外，观察狗的整体状态也是很重要的。

🐾 嗅一嗅、闻一闻，狗的重要表达方式

嗅闻对狗的重要意义

感知世界、获取信息

探索世界、保持活跃

社交与建立联系

预警潜在危险

如何有效嗅闻

带狗去草地或树林中散步，这些地方有丰富的气味和植被。在狗安全可控的情况下，越多的嗅闻越能满足狗的天性。

选择狗喜欢的玩具或零食，将它们藏在家中不同的位置，让狗通过嗅闻找到它们。这样不仅能锻炼狗的嗅觉，也能增强它们的信心。

信息素

狗的信息素（Pheromone）是什么？

狗的信息素是由狗身体的腺体（特别是肛门腺）释放的一种化学物质。这种物质在狗的社交和交流中扮演着至关重要的角色。

信息素的作用

社交识别

狗通过嗅探其他狗释放的信息素，可以获取对方性别、健康状况、情绪状态等信息，让狗确定是否与对方进一步互动。

领地标记

狗在特定区域释放信息素，以宣誓自己的领地和主权。

发情与繁殖

在繁殖季节，狗的信息素可以传递发情信号，吸引异性注意。

Tips!

适量使用一些含有狗的信息素的产品，如喷雾、香薰等可帮助狗缓解焦虑，适应新环境，但过量使用可能会产生负面影响。因此，在使用这类产品时，应遵循产品说明和宠物医生的建议。

过度吠叫

狗的吠叫更多是为了警告同伴"有危险啦"。在狗的眼中，我们既是主人，也是同伴，有危险自然要警告，这是狗的天性。但过度吠叫可能代表着狗焦虑、不安等。

随地大小便

狗一般会在第一次排便的地方排便，如果初期没有教会它在指定地方大小便，狗就会形成随地大小便的坏习惯。

乱咬物品

爱咬物品其实是狗探索本能和狩猎本性的一种表现。同时，幼犬在换牙期间，牙根发痒，也会通过咬物品来缓解。

随行问题（猛冲）

对于狗来说，能外出散步是一件很开心的事情，它们会特别兴奋，自然就想要"冲冲冲"。这也有可能出于"主人会保护我"，以及"我要带着主人走"的想法。

主人如何调整狗的行为 🐾

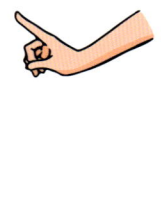

过度吠叫

切忌打骂狗；在门铃等刺激源响起时，正面走向狗，配合手势，将其驱赶至一定范围外；当狗听到刺激源响起而不吠叫时，马上奖励。

随地大小便

进行定点排便的训练，把狗带到指定的位置排便。使用带有排泄物气味的东西，如垫纸，让狗尽快养成良好的排便习惯。

乱咬物品

提供橡胶玩具、骨头这类安全的咀嚼物，也能用一些狗讨厌的气味喷洒在物品上阻止其乱咬。

随行问题

出门前降低狗的兴奋度；要有原则，不随意迁就狗；使用有效的牵引绳并正确牵绳，不能让狗着你走。

行为纠正（Behavior Modification）的基本原则

○及时性　　○一致性　　○耐心与坚定　　○关注狗的情绪和基本需求
○正向鼓励与负向惩罚（Positive Reinforcement and Negative Punishment）相结合

第二章

健康饮食
狗的营养需求

狗的营养需求

各阶段营养日历

饲喂注意事项

胖瘦评估及建议

饮食禁忌

犬粮及配料分析

狗营养均衡的重要性不容忽视，它直接关系到狗的健康状况、生长发育及生活质量。

营养不良　　健康　　肥胖

预防营养不良与肥胖

合理控制饮食量和食物营养成分，可以避免狗营养不良（Malnutrition）或肥胖（Obesity）等问题，保持其适当的体重和体形。

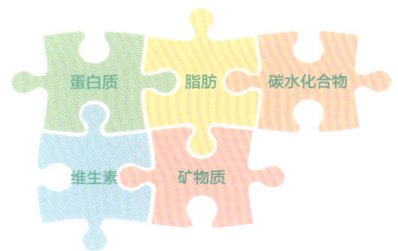

蛋白质　脂肪　碳水化合物
维生素　矿物质

促进身体发育

均衡的营养可以确保狗在成长过程中获得所需的蛋白质、脂肪、碳水化合物、维生素和矿物质等，从而促进其骨骼、肌肉、内脏等的正常发育。

改善皮肤与毛发状态

均衡的饮食可以保持狗皮毛的光泽度，使其毛色亮丽。

提升生活质量

营养均衡的狗通常拥有更好的体态和更高的活力，能够更好地享受生活和与主人互动。

狗生长所需的五大营养物质

狗的基础营养

狗的理想饮食包括蛋白质（来源于肉、鱼、鸡蛋等）、碳水化合物、脂肪、维生素和矿物质。注意狗不能和主人吃完全一样的食物。

蛋白质（Protein）

构成和维持细胞和组织的正常功能，例如在成长期，肌肉和血液的形成都离不开蛋白质。

碳水化合物（Carbohydrate）

碳水化合物是由碳、氢、氧组成的有机化合物，主要分为狗可消化的淀粉和不可消化的膳食纤维。

脂肪（Fat）

脂肪是狗重要的能量来源，参与脂溶性维生素的运输与吸收，以及增加食物的适口性，等等。

维生素（Vitamin）

狗需要 13 种维生素。维生素具有维持皮肤完整，促进视力，支持生长发育，促进脂肪吸收，修复血管和神经组织等功能。

矿物质（Mineral）

矿物质只占狗体重比例的很小一部分，然而其作用是必不可少的，食物中矿物质的添加量必须严格控制。

0~28 日龄

母乳是最好的选择，也可用温开水冲泡羊奶粉或者自己配制奶水代替。

1~2 月龄

不管狗通过何种方式获得奶水，在其约 3 周龄时饮食都要开始慢慢变化，逐渐断奶，直到第 7 周或第 8 周结束。

3~4 月龄

狗逐渐断奶时，每日宜喂食 3~4 餐，每餐喂食时间限定 15 分钟，以防止肥胖。断奶后，每日 2 餐已能满足大部分狗所需营养。可将幼犬犬粮碾磨后再加入温水调和，后续慢慢减少水的添加量，直至全部替换为干粮。

不同周龄和体形的幼犬每日进食次数与进食量

周龄	每日进食次数 / 次	小型犬种 (<10 kg) 进食量 /mL	中型犬种 (10~25 kg) 进食量 /mL	大型犬种 (>25 kg) 进食量 /mL
1 周龄	8	10~20	20~30	25~40
2 周龄	7	30	50	70
3 周龄	6	50	70	120
4 周龄	5	60	70	120

5～6月龄营养日历 🐾

5~6 月龄

处于成长期时，如果狗的食物所含蛋白质或钙质不足，将会影响其骨骼的发育。应多喂食富含蛋白质的肉类，如鸡胸肉、牛肉与鱼肉。

可按如下配方制作母乳临时替代品

无糖脱水牛奶	270 g
新鲜奶油	70 g
9 个去壳鸡蛋	450 g
1 个带壳鸡蛋	56 g
矿物质水	154 g
总计	1 000 g

Tips!

1. 小型犬比大型犬更容易患肥胖症。
2. 使用家用食品配制断奶食物时，必须注意在食品中补充矿物质（蛋壳或骨粉），否则会推迟幼犬的骨质矿化。
3. 为了预防幼犬健康问题的发生，应妥善喂食幼犬，不得多喂或少喂。

7~12 月龄

在狗成长阶段结束时，建议将幼年犬粮改为成年犬粮。对大部分狗来说，成年犬粮为维持性日粮，所含能量、脂肪和蛋白质均低于幼犬犬粮。

1~11 岁

在避免肥胖的前提下，提供易消化的食物，让狗保持在健康的体重范围。

提供适量的脂肪酸、氨基酸和维生素 B 族复合物。适量喂食蛋黄和鱼油，可以让狗拥有更亮丽的皮毛。

12 岁以上

年龄增加使得狗越来越容易生病。调整食物结构有利于改善狗的身体状况，建议使用专用老年犬粮。

针对有特殊营养需求的群体，可以在宠物医生的指导下使用处方粮，预防或治疗某些疾病。

Tips!

1. 一只成年犬需要特定的能量以维持其体重，一般体重越重（与狗的体形有关），每千克体重所需要的能量就越少。体形较小的狗所需食物的能量含量（脂肪）要比体形中等的狗多。
2. 对于体形较大的狗，食物能量增加可以减少食物的摄入量（Acceptable Daily Intake, ADI），从而降低消化不良，甚至是胃扭转的概率。

哺乳母犬的喂养

妊娠期（Gestation Period）

日常饮食：怀孕时，狗的能量需求增加，但消化能力却下降了，喂养时需要以营养丰富且易于吸收的犬粮为主。

额外补充：产前可适量补充牛磺酸、钙质、叶酸、乳铁蛋白等，维持狗的健康状态。

注意事项：避免喂食未熟的肉类食品，以防止狗感染寄生虫。

哺乳期（Lactation Period）

日常饮食：需要提供高钙、高蛋白的犬粮，为母乳的消耗做补充。

额外补充：产后适量喂食鲫鱼汤、钙片等，为狗提供营养。

注意事项：充足的水分摄取对哺乳期的狗很重要。

Tips!

1. 初乳（Colostrum）对新生幼犬非常重要，是母犬给予幼犬最珍贵的礼物之一。母犬的初乳分泌通常开始于分娩过程中或产后，幼犬需在出生后 24 小时内摄入初乳，以确保获得足够的免疫保护。
2. 母乳的成分与牛奶不同，它具有更高的干物质和蛋白质含量（免疫球蛋白 G 的浓度为 3.2 g/100 mL），并且还含有更多的脂肪、非脂肪固体、维生素和矿物质。

运动 / 工作犬的营养需求

运动 / 工作犬和普通犬的划分

静息基础代谢率 +57%

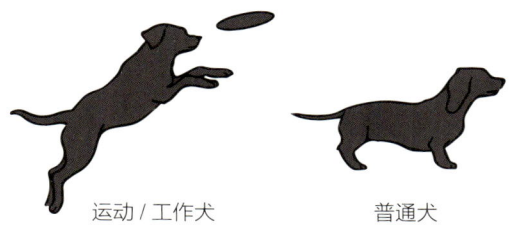

运动 / 工作犬　　　　　　普通犬

从品种与喂养的角度，可以将狗分为运动 / 工作犬与普通犬两类，运动 / 工作犬拥有更高的静息基础代谢率（Resting Basal Metabolism Rate, RBMR），因此具有更高的能量需求。

常见的运动 / 工作犬类

护卫犬
（Guard Dog）

牧羊犬
（Herding Dog）

狩猎犬
（Hunting Dog）

史宾格猎犬、哈士奇、德国牧羊犬等都是运动 / 工作犬。

> **Tips!**
>
> **运动 / 工作犬的营养需求**
>
> 1. 为维持运动 / 工作犬的理想体形，它们每天摄入的能量必须符合营养需求。
> 2. 富含脂肪的食物，可以帮助狗在肌肉中储存营养物质，从而延缓疲劳。鱼油提供的脂肪酸，还能降低压力，缓解运动引起的炎症。
> 3. 剧烈运动会增加狗对蛋白质的需求。富含蛋白质的饮食可以促进肌肉氧合、改善运动表现，从而降低狗受伤的概率。
> 4. 含有肉毒碱的食物可以促进脂肪的有效利用，提高体内营养物质的转化率。
> 5. 补充维生素 E 和维生素 C，可以帮助狗抵抗运动中产生的大量自由基。

胖瘦评估

体况评分（Body Condition Score, BCS）是通过观察机体外表和触摸某些部位，综合评估其肥胖与否的一种半定量方法。此方法依据以下判定基准进行：机体大量脂肪储存的部位和范围大小、骨骼轮廓是否可见，以及动物的外形轮廓。

评估标准

太瘦

从上方很容易看到肋骨和腰椎骨盆。腰部的收缩和腹部的凹陷非常明显。

很瘦

很容易触摸到肋骨。从上方看，腰部明显。腹部明显凹陷。

标准

触摸肋骨时，没有过多的脂肪堆积。从上方看，在肋骨后面可以看到腰部。从侧面看，腹部紧实。

稍胖

有一点脂肪堆积，但可以摸到肋骨。从上方看，腰部收紧，但不明显。腹部微微上提。

超重

肋骨上覆盖着厚厚的脂肪，不容易摸到肋骨。脂肪也堆积在腰椎和脊椎上。几乎看不到腰。腹部圆润或下垂。

Tips!

在评估狗的胖瘦时还需要考虑狗的品种和性别因素。

肥胖是一种可严重影响犬机体多项功能，缩短其寿命的疾病。在发达国家，肥胖是临床上最常见的犬营养性疾病之一。

缩短寿命

肥胖已被证实会缩短狗的寿命，大型犬必须在其很小的时候就开始监测其采食量。

骨关节疾病

肥胖可诱发各年龄段的狗发生骨关节病变。大型犬在生长阶段因采食过多而导致的肥胖可引起多种骨科疾病或加剧髋关节发育不良。

运动不耐受和心肺疾病

肥胖引起的主要并发症为运动不耐受以及呼吸系统疾病。此外，肥胖还会使一些心血管疾病的发病率升高。例如，门静脉血栓、心肌缺氧以及心内膜炎等。

糖尿病

肥胖与糖类代谢之间的关系相当复杂，但毫无疑问的是，肥胖会显著改变狗体内的糖代谢和胰岛素分泌情况。

Tips!

患糖尿病的狗早期可能会因食欲过盛而体重增加。

体重控制 🐾

身体评估	体重变化	时间
健康的狗	2%	1 个月
健康的狗	3.5%	3 个月
疑似恶病质 / 超重的狗	5%	6 个月
恶病质 / 超重的狗	>10%	<6 个月

体重控制

了解狗的体重和身体状况是否正常，对评估和确定它们的营养需求至关重要。通常健康的狗在 3 个月内的体重变化不应超过 3.5%。

如何控制狗的体重

1. 改善饮食配方，提高蛋白质占比，减少脂肪占比。
2. 调整喂养方式，定时定量喂养，拒绝"自助餐"。

部分小型犬的参考体重（成年）

品种	公犬的平均体重 /kg	母犬的平均体重 /kg
吉娃娃	2.0 ± 0.6	1.5 ± 0.4
约克夏梗犬	2.6 ± 0.5	2.3 ± 0.5
博美犬	3.6 ± 0.8	2.5 ± 0.6
意大利灰犬	4.1 ± 0.5	4.6 ± 0.1
西施犬	5.8 ± 1.3	5.0 ± 0.8
迷你贵宾犬	5.8 ± 1.4	5.0 ± 0.8
西高地白梗犬	7.5 ± 1.2	6.9 ± 0.6
凯恩梗犬	8.1 ± 0.2	7.4 ± 1.2
骑士查理王猎犬	8.7 ± 1.5	7.0 ± 1.1
达克斯猎犬	9.2 ± 1.2	7.5 ± 1.8

部分中型犬的参考体重（成年）

品种	公犬的平均体重 /kg	母犬的平均体重 /kg
比利牛斯牧羊犬	12.8 ± 2.8	13.4 ± 3.8
法国斗牛犬	13.0 ± 1.6	11.3 ± 1.9
英国可卡犬	13.0 ± 2.3	11.8 ± 1.0
惠比特犬	13.9 ± 1.1	11.7 ± 0.7
布列塔尼猎犬	17.9 ± 2.2	15.5 ± 1.5
斯塔福斗牛犬	24.0 ± 1.1	21.0 ± 1.4
英国斗牛犬	26.0 ± 4.3	22.4 ± 3.6
柯利犬	23.9 ± 0.5	19.8 ± 2.0
西伯利亚雪橇犬	24.0 ± 0.9	18.5 ± 1.0
沙皮犬	24.9 ± 1.7	18.4 ± 0.6

部分大型犬的参考体重（成年）

品种	公犬的平均体重 /kg	母犬的平均体重 /kg
爱尔兰塞特犬	26.1 ± 1.9	25.5 ± 4.5
比利时牧羊犬	27.1 ± 4.5	23.2 ± 2.0
德国短毛指示犬	28.5 ± 0.9	24.6 ± 2.3
法国猎犬	29.4 ± 2.1	26.3 ± 3.6
威玛猎犬	33.6 ± 3.7	30.5 ± 4.3
金毛寻回犬	33.7 ± 3.4	30.4 ± 3.6
拳狮犬	33.9 ± 3.5	28.8 ± 2.4
拉布拉多犬	35.5 ± 4.5	30.7 ± 3.4
德国牧羊犬	35.9 ± 3.6	28.4 ± 2.7
杜宾犬	39.0 ± 5.5	28.5 ± 5.0

饮食禁忌 🐾

各类禁忌食物及食用后可能对狗造成的影响 ⋯⋯⋯⋯⋯⋯

蔬菜类

葱、大蒜、韭菜：破坏红细胞，造成狗肝肾损伤，进而出现贫血、黄疸等问题。

辣椒：损伤肠胃，导致狗腹泻。

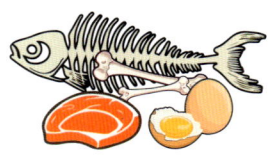

鱼、骨、肉、蛋类

鱼刺和细骨：卡喉咙、划破肠道，导致狗便血、吐血。

生肉和生蛋：生肉可能含有寄生虫（如弓形虫），而生蛋可能含有细菌（如沙门菌），导致狗腹泻。

水果类

葡萄和葡萄干：大量食用可能使狗发生急性肾衰竭、贫血。

橘子、柠檬：损伤消化道，导致狗呕吐。

牛油果：引起狗消化不良、呼吸困难。

乳制品、饮品、零食类

牛奶：引起消化不良，导致狗腹泻。

酒精饮品：造成肝、脑损伤。

巧克力：含有可可碱和咖啡因，这些物质对狗来说是有毒的，可能导致狗心跳加速、抽搐、昏迷，甚至死亡。

高盐食品：过量摄入盐分会导致狗出现泪痕、脱毛、肾脏负担加重等问题。

化学用品类

杀虫剂、老鼠药、人类药品：会造成狗各组织器官损伤，易导致死亡。

现代商业犬粮起源于农业和畜牧业。目前我国市场上的商业犬粮产品品牌成百上千，市场上活跃的主流品牌也有 50 多种。依据含水量可以将犬粮分为湿粮、半湿粮、干粮。

湿粮（Wet Food）
（含水量为 70%~85%）

主要是罐头食品，适口性很好，有助于狗的水合作用。但储存的费用较高，开启后容易变质，且脂肪含量高，会增加肥胖的概率。

半湿粮（Semi-moist Food）
（含水量为 25%~60%）

主要是通过防腐剂或冷藏来保存煮过的食物。具有很好的适口性，小包装适合每日使用。半湿粮通常也需要冷藏或冷冻，开启后易变质，可能会造成狗出现消化系统问题，并且含防腐剂。

干粮（Dry Food）
（含水量少于 14%）

通常由谷物（如玉米、小麦、大米）、肉类副产品、蔬菜和添加的维生素、矿物质混合而成。开启后不易变质，单位质量的营养价值高，比含水量高的犬粮更经济。但需要额外为狗补充水分，可能不适合某些需要高水分摄入的狗。干粮储存在潮湿处易变质。

犬干粮的选择 🐾

为狗选择正确优质的商业犬粮是非常重要的。当我们面对不同品牌的犬粮时，三个"？"可以帮助我们选择优质且合适的犬粮。

蛋白质

维生素　　脂肪

矿物质　　碳水化合物

安全吗？

安全无害是我们的首要关注点。我们可以从评估和审核供应商、控制原材料质量等维度来综合评判该产品从源头到生产运输过程中的安全性。

是适合的吗？

不同体重、年龄段以及健康状况的狗所适合的犬粮是不同的，我们要为狗提供颗粒大小（Particle size）、软硬度（Texture）和营养成分适合的犬干粮。小型犬和幼犬更适合颗粒度小的犬粮，而老年犬或是有口腔疾病的狗则更适合偏软的犬粮。

有营养吗？

狗需要的是营养物质，而不是特定的原料，原料的营养组成（Nutrient profile）和可消化性（Digestibility）对狗才真正有意义。肉类成分可以按品质从高到低分为纯肉、禽肉、肉粉和禽肉粉，第一成分（原料成分表中排在第一位的成分）需是禽肉粉以上等级，不能是级别更低的或是肉类副产品（内脏、头、脚等），更不能是谷物，原料成分表中排在前五位的至少要保证两种动物性原料和三种植物性原料。优质犬粮的标准：蛋白质含量为21%~24%，脂肪含量为8%~16%，水分为10%，纤维为3%~4%，钙为1.5%，磷为1%。

我们制作家庭犬粮时，要注意几个要点：

1. 选择高质量食材；

2. 避免长期使用单一食材种类；

3. 合理搭配；

4. 确保营养均衡；

5. 避免有害食材，比如洋葱、蒜、葡萄等。

食谱一

鸡肉蔬菜犬粮

鸡胸肉 500 g

胡萝卜 1 根

西蓝花 1 小朵

燕麦 1 小碗

鱼油 1 茶匙

鸡肝 100 g

食谱二

牛肉红薯犬粮

牛肉 500 g

红薯 1 个

青豆 1 小碗

鸡蛋 2 个

亚麻籽油 1 茶匙

如何喂养不同年龄和体形的狗

幼年期（Juvenile Stage）（出生至 1 岁）

小型犬（Small Breed Dog）

幼年犬需要的能量较多，可以每天喂食 3~4 次。

大型犬（Large Breed Dog）

大型犬生长速度相对较慢，它们需要平衡营养，每天喂食 3 次，钙磷比要适中。

成年期（Adult Stage）（1~7 岁）

小型犬

新陈代谢快，每天喂食 2 次，注意蛋白质和脂肪的比例，控制能量摄入。

大型犬

容易出现关节问题，需要特别注意饮食平衡，每天喂食 2 次，关注关节健康。

老年期（Geriatric Stage）（7 岁以上）

小型犬

老年小型犬需要低能量、高纤维的饮食，每天喂食 2 次。

大型犬

老年大型犬需要关注关节健康和体重管理，饮食应易于消化。每天喂食 2 次，选择低能量、高纤维、富含关节保护成分的犬粮。

营养是影响狗衰老速度的关键因素之一，掌握老年犬的营养需求，适当调节饮食，可以延长狗的寿命。

应该在大型犬 5 岁、中型犬 7 岁、小型犬 8 岁时调整其饮食。

老年犬的营养需求是：

富含维生素 C 和维生素 E   含有高质量蛋白质

微量元素（铁、铜、锌、锰）含量高

富含不饱和脂肪酸   稍微提高纤维含量

特殊犬粮的选择

处方粮
（Prescription Diet）

处方粮需要在医生指导下使用，主要是针对某些患有代谢功能障碍疾病的狗。

全价处方粮
（Nutritionally Complete Therapeutic Food）

控制纤维素含量，避免过多补充矿物质，高蛋白质、高脂肪、高能量。

减肥处方粮
（Weight Management Food）

低能量、高纤维、高蛋白质，帮助减少体重，增加饱腹感，维持肌肉量。

肾脏处方粮
（Kidney Support Food）

低蛋白质、低磷、适量钠，减少肾脏损伤，保证蛋白质和微量元素需求，防止高血压。

肠道处方粮
（Gastrointestinal Prescription Diet）

低脂肪、易消化、含益生菌，维持肠道菌群平衡，促进胃肠道消化，减少胰腺负担。

狗喜欢的食物很多，主要有以下几种：

肉类食物

大多数狗对肉类食物有强烈的偏好，特别是新鲜的鸡肉、牛肉和鱼肉。肉类不仅美味，而且富含蛋白质，是维持狗健康成长的重要食物种类。

香味浓郁的食物

狗对气味非常敏感，香味浓郁的食物往往更能引起它们的食欲。例如，某些犬粮中添加的鱼油或肉汤，就能显著增加其对狗的吸引力。

口感丰富的食物

一些狗喜欢有嚼劲的食物，而另一些狗则偏爱软糯的口感。根据狗的喜好选择不同质地的食物，可以提升其进食体验。

水果和蔬菜

虽然不是所有狗都喜欢蔬菜和水果，但有些狗对某些特定的水果和蔬菜表现出浓厚的兴趣，如苹果、蓝莓、胡萝卜、甜菜根。

饲喂时间和方法 🐾

饲喂时间

定时饲喂

在每天的早晨和傍晚定时给狗喂食，对于患有某些疾病的狗，按照宠物医生建议调整狗的进食时间和次数。

进食时间

进食时间限定在一定范围内，并及时收走未吃完的食物。

注意事项

避免在夜间和运动后进食，预防肥胖和胃肠疾病。

饲喂方法

进食量

根据狗的体重和活动量计算好每日进食量，避免肥胖。

分餐喂食

对于肥胖的狗，可以采取分餐喂食，少量多餐。

适量零食

可以给予狗适量零食作为奖励。

过度喂食（Overfeeding）

摄入过多主食和零食，超过了自身能量需求，导致肥胖等疾病。

挑食（Picky Eating）

频繁更换犬粮，饲喂人类食物或健康问题导致狗挑食。

消化不良（Indigestion）

食物不易消化或者是不良的进食习惯，如进食过快或不规律进食，都会导致狗消化不良。

口臭（Halitosis）

食物残渣遗留在口中或口腔中牙菌斑和牙结石积累都会导致口臭。

食物过敏（Food Allergy）

狗对巧克力、洋葱、葡萄等食物过敏，一定不能喂食此类食物！

饲养多只狗的注意事项

饮食管理

训练狗在喂食时保持安静和有序。如果发现狗之间存在食物争夺的情况，应及时干预。根据每只狗的体重、年龄和活动量，准确计算每次的喂食量。

健康监控

定期对每只狗进行健康检查，多只狗共同生活时，寄生虫感染的风险增加，应定期进行体内外驱虫。

环境管理

定期清洗狗的喂食器具、玩具等用品，保持卫生，避免细菌滋生。

特殊情况

如果有狗生病，应及时隔离，以防传染给其他狗。当有新的狗加入时，应逐步引导它适应新环境。

饮水量和饮用水品质

狗需要足够的水分来维持身体的正常功能，包括消化、代谢、体温调节和废物排出。

计算饮水量

通常，狗每天需要饮用的水量是其体重的 2.5~3 倍，或者是通过每千克体重需要 50~60 mL 的水来计算。狗活动量大时也可以适量增加饮水量。

饮用水的品质

确保狗饮用的水干净、新鲜，定期更换，至少每天更换一次。使用狗专用的饮水器或饮水碗，定期清洗。使用过滤水或瓶装水喂养。

养护随记 🐾

第三章

日常养护
狗的居家照顾

日常养护

新宠到家

养狗必备清单

驱虫

狗洗澡那些事

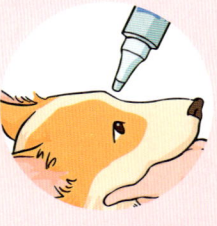

各部位护理

不同季节如何照料

接狗前

考虑是否适合养狗。
选择适合自己的狗。
准备狗的生活必需品。
保证居住环境安全舒适，多宠家庭做好隔离。

接狗时

观察狗的状态，包括耳朵、眼睛、鼻子、毛发、肛门、便便等，确保均无异常，并且精神活泼，询问狗的饮食状况，以及疫苗（Vaccine）接种和驱虫（Deworm）情况。

接狗后

给予狗独自熟悉环境的时间。刚到家的两周内不要给狗洗澡，遵循接回家之前的喂养习惯。狗到家一周后，带狗去宠物医院进行体检（Physical Examination），并完成疫苗接种和驱虫。后续进行一些日常行为的训练。

新手养狗必备清单

饮食

食盆、水盆、储粮桶、犬粮、羊奶粉、犬用零食、营养补充剂。

日用

犬笼、犬窝、宠物玩具、宠物衣物、犬用美容美发工具、厕所、尿垫、诱导剂、驱逐喷雾。

外出

牵引绳、外出水壶、嘴套、航空箱。

健康

驱虫药［体内驱虫药/体外驱虫药（Anthelmintic/Ectoparasiti-cide）］、益生菌、疫苗以及其他犬类常见疾病治疗药物。

清洁

犬用沐浴露、梳子、吹风机、吸水毛巾、犬用牙膏、犬用牙刷、滴耳液、除臭和除螨喷雾、宠物湿巾、指甲剪。

吃、住、用的选择（一）

关于狗的"吃"

犬粮（Dog Food）

狗的主粮要挑选优质犬粮，并定时定量喂食。

犬用零食（Dog Treats）

将犬用零食用作日常训练的奖励，如牛肉粒，但不可多吃。

羊奶粉（Lamb Milk Formula）

0~2 月龄的幼犬以羊奶粉为主，犬粮用奶粉泡软。

益生菌（Probiotics）

狗刚到新环境可能不适应，出现拉稀、呕吐的症状时，可以给狗食用适量益生菌，可逐渐减轻症状。

关于狗的"住"

犬笼（Dog Crate）

对于刚到家的狗，住在犬笼中或许会更有安全感，也可以防止狗拆家，规范狗的行为。

犬窝（Dog Bed）

犬窝长度要略大于狗，建议购买可以拆洗的犬窝，便于清洗。

犬厕所 + 犬尿垫
（Dog Litter Box and Dog Potty Pad）

首选吸水和除臭效果好的尿垫，可搭配犬厕所，帮助狗更好地定点如厕。

吃、住、用的选择（二）

关于狗的"用"

去味喷雾（Dog Deodorizing Spray）

去味喷雾去除异味。

犬洗护用品（Dog Grooming Kit）

宠物湿巾、免洗手套和犬用沐浴露等。

诱导剂 + 驱逐喷雾（Attractant Spray and Repellent Spray）

诱导剂可以诱使幼犬在指定地点排便，驱逐喷雾对规范狗的行为非常有效。

驱虫药（Deworming Medication）

驱虫药有内驱和外驱之分。

食盆 + 水盆（Food Bowl and Water Dispenser）

食盆和水盆材料需耐用且无毒性，不易打碎，不易潮湿腐烂。

牵引绳（Leash）

根据城市文明养犬条例，带狗外出时需要给其佩戴项圈和牵引绳，以防止狗脱离主人控制。

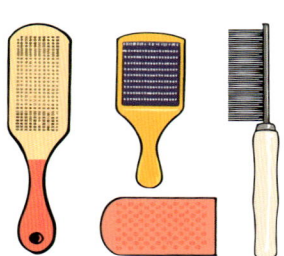

针梳 + 小面梳（Slicker Brush and Fine-toothed Comb）

针梳用于梳理全身毛发，小面梳可用于梳理狗头部及嘴周毛发。

十步洗澡法

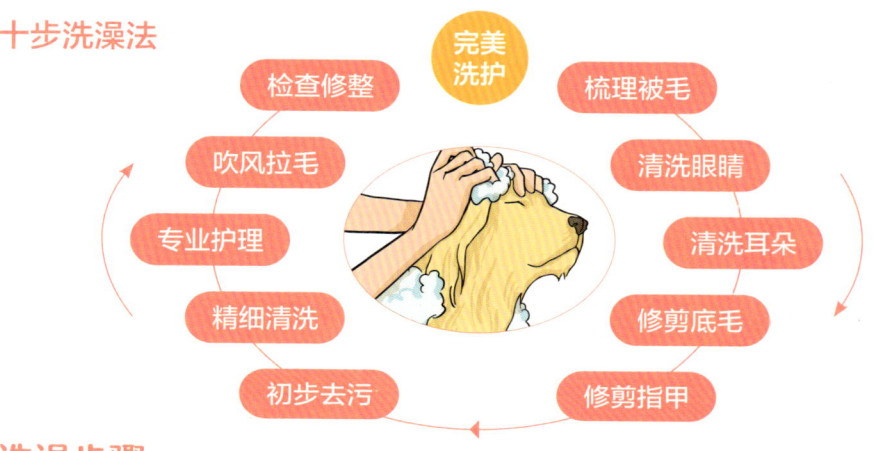

完美洗护

检查修整
吹风拉毛
专业护理
精细清洗
初步去污

梳理被毛
清洗眼睛
清洗耳朵
修剪底毛
修剪指甲

洗澡步骤

狗洗澡前

带狗上完厕所再去沐浴。

狗洗澡中

1. 用一个较大的容器，放入一定量的温水。在水中放一些犬用沐浴露，搅拌均匀。

2. 帮狗将打结的毛发梳顺后，把它慢慢放到盆里使其站稳，首先浸泡几分钟。注意不要将水冲到眼睛里和耳道里。再慢慢轻柔地擦拭狗的面部。

3. 身上抹完沐浴液后，从背部到臀部由前至后轻轻揉搓，直到搓揉出泡沫。脚趾缝和臀部记得重点清洗，并挤肛门腺。

4. 在冲洗完成之后可以逆着毛冲洗一次，再顺着毛冲洗一次，两个方向的冲洗能将狗毛根部的脏污去除得更干净。

狗洗澡后

冲洗干净后出浴，擦干狗身上的水，再用吹风机吹干。吹好之后再对狗的毛发进行简单地梳理。

Tips!

带狗去家附近的宠物医院或者宠物店里洗澡也是很好的选择。

洗澡的注意事项

洗澡前

洗澡前一定要先梳理被毛，防止被毛缠结得更加严重。

洗澡时

洗澡水的温度一般春、夏、秋季为36℃，冬季以37℃为宜。洗澡时要防止浴液流到狗的眼睛和耳朵里。冲水时要彻底，不要让浴液留在毛发上。

洗澡后

应擦干后用吹风机慢慢吹，差不多快干时自然晾干。切忌将洗澡后的狗放在阳光下晒干。洗澡后最好要用护毛素。

洗澡的频率及时间

夏季 7~15 天一次，冬季 15~30 天一次即可。要在狗健康的状态下洗澡。2 个月以内的幼犬，还在经期的母犬以及怀孕或产后不足 2 个月的母犬不建议洗澡。

洗护用品的选择

一定要选择合适的洗护产品。要选择犬用沐浴露。

护理的意义

狗的眼睛里会分泌许多脏东西，如果不及时清理容易造成分泌物堆积，影响美观，也容易出现皮肤病。

日常清理

在日常生活中要及时检查狗的眼角是否有眼屎、污垢、泪水，一旦发现应及时清洁。

长时间没有清理

如果很长时间没有清理，狗眼部分泌物已经结痂，可以用温热的水打湿医用棉花或卸妆棉，软化结痂后擦掉，注意保持狗眼睛周围皮肤的干燥。

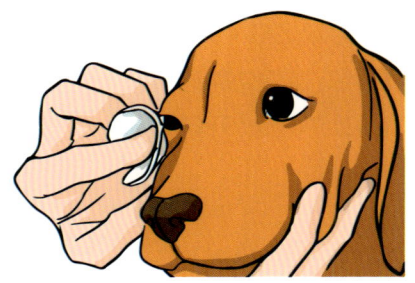

眼部感染

狗眼部发生感染，日常可以用生理盐水冲洗眼部，将分泌物冲出眼外后擦掉。在滴眼药水时，先冲洗掉分泌物，可使药效更好发挥。若眼部分泌物过多或严重感染，则有必要去医院接受进一步的眼科检查。

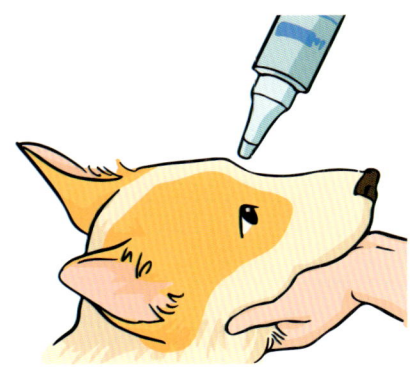

其他异常情况

狗长期不敢睁开眼睛，泪水分泌过多，可以检查一下狗的眼睛是否有倒睫情况。如果有倒睫的情况，需要及时送往医院治疗。

耳部护理清洁（一） 🐾

预防耳部疾病

1. 洗澡时避免耳朵进水，保持狗耳部的日常干燥。
2. 保持环境卫生。
3. 定期为狗拔耳毛、擦耳朵。
4. 定期使用驱虫药可以预防耳螨。
5. 保护好狗的耳朵，减少外伤。

耳部疾病表现

非常频繁地摇头晃脑、歪头　　　　耳朵分泌物异常

甩耳朵并常常用爪子挠耳朵　　　　耳部异味严重

耳朵红肿并夹带皮屑　　　　　　　听力下降

频繁地晃脑、歪头

频繁地挠耳朵

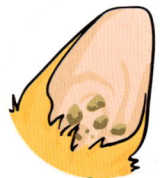

耳朵分泌物异常

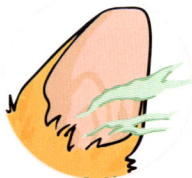

耳朵味道异常

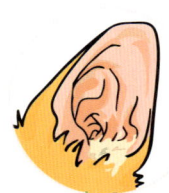

耳朵发炎或红肿

耳部清洁

清洁用品

宠物专用的洗耳液、棉签（或棉球）、纸巾、拔耳粉、镊子（用于拔耳毛）等用品。

清洁步骤

查：先检查狗的耳朵是否有红肿、异味、分泌物过多等异常情况。如果发现异常情况，应及时就医。

修：选择性拔除狗的耳毛（一般立耳的狗无须拔除）。

滴：将狗的耳朵翻开，将洗耳液摇晃均匀后滴入耳洞。

揉：滴入洗耳液后，用手轻轻按摩狗的耳根数十秒，让洗耳液充分与耳垢混合。

甩：按摩完成后，放开狗让其自行甩头。

擦：待狗甩出部分耳垢后，用纸巾或棉签擦拭干净狗的耳朵。

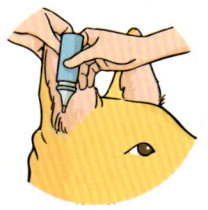 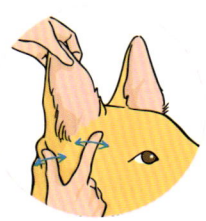 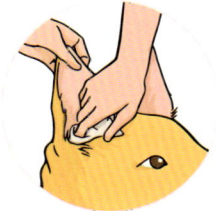

上提耳朵，往里滴入清洁的液体　　用手指按摩几分钟帮助吸收　　使用纱布清除清洁物和分泌物

Tips!

避免过度清洁，并保持狗的耳朵干燥。

口腔护理（一）

口腔清洁护理是狗健康养护的重要组成部分，进行口腔护理可以减少口臭，预防口腔疾病（Oral Disease）。

定期刷牙

选择合适的工具

牙膏：应选用宠物专用的牙膏。

牙刷：根据狗的口腔大小和形状选择合适的牙刷，或者使用指套牙刷、纱布条等工具。

刷牙步骤

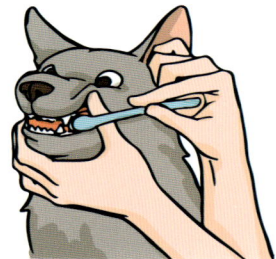

先让狗适应牙膏的味道。稳定狗的情绪，轻轻撑开狗的嘴巴，露出牙齿。用牙刷或指套牙刷轻轻刷洗狗的牙齿和牙龈，特别是牙齿的咬合面和牙龈线附近。刷完牙后给予狗适当奖励。

Tips!

刷牙频率

一般来说，每周为狗刷牙 1~2 次即可。

日常生活中如何进行口腔护理

1. 狗的饮食应营养均衡，同时，避免过多喂食软烂、黏牙的食物。
2. 可以给狗准备一些专门的磨牙玩具和零食，如洁牙棒、狗咬胶等。
3. 使用口腔清洁产品，如漱口水、洁牙粉等。

狗的口腔问题

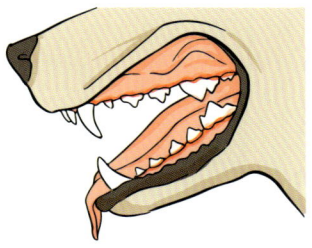

一级：牙龈炎

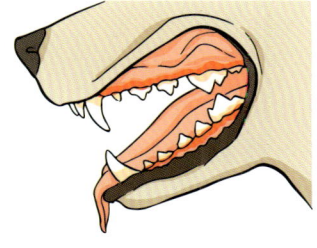

二级：轻微牙周炎

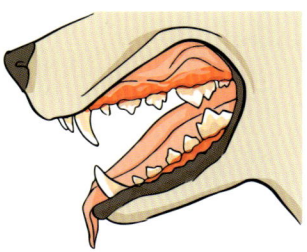

三级：中度牙周炎

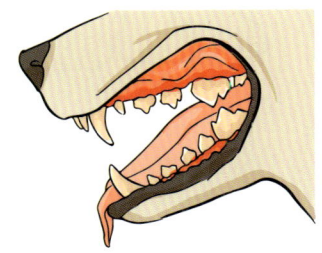

四级：严重牙周炎

Tips!

假如狗口腔内已经产生了口臭、牙菌斑、牙结石等一系列口腔问题，就需要及时就医。

鼻部护理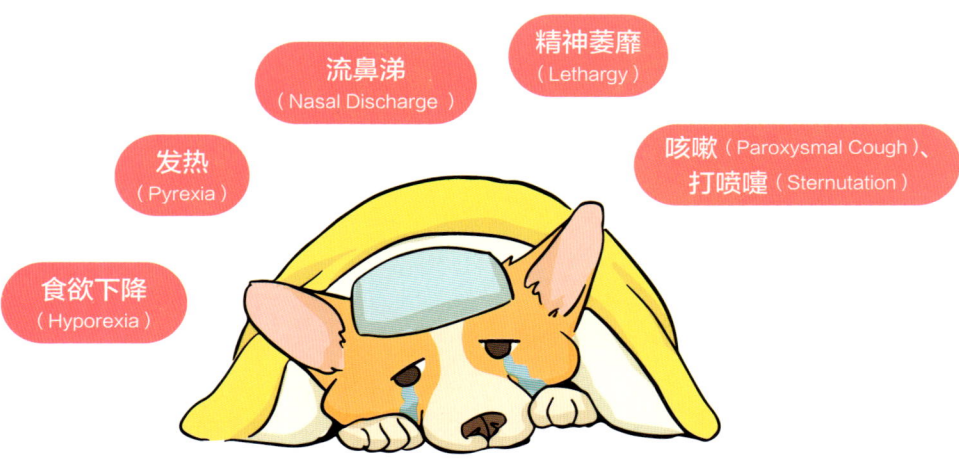

为什么要定期为狗进行鼻部护理

1. 预防感冒。
2. 降低患上呼吸道疾病（Upper Respiratory Tract Disease）的风险。
3. 增强狗对环境中污染物的反应能力。

流鼻涕
（Nasal Discharge）

精神萎靡
（Lethargy）

发热
（Pyrexia）

咳嗽（Paroxysmal Cough）、
打喷嚏（Sternutation）

食欲下降
（Hyporexia）

不同的鼻部状态可以反映狗的健康状况。通常情况下，一只健康的狗鼻部是湿润、不滴水且冰凉的。

怎样为狗进行鼻部护理

清理鼻腔内分泌物。如果狗的鼻腔内有过多的分泌物，可能会导致鼻腔阻塞（Nasal Obstruction），从而导致呼吸和嗅觉障碍（Olfactory Dysfunction）。

洗澡

洗澡是毛发护理的第一步。洗澡可以去除狗毛发上的污垢和异味，还可以预防皮肤疾病（Dermatopathies），并且可以让狗毛发更整洁、有光泽，保持美观。

修毛

狗的毛发容易打结、藏污纳垢，特别是在户外活动后，毛发中可能夹杂着泥土、草屑等。定期修剪毛发可以去除这些污垢，保持狗的身体清洁。

毛发护理（二） 🐾

梳毛

梳毛要选择合适的梳子，经常梳毛可以梳理掉狗身上的浮毛、死毛，减轻狗掉毛量，并且定期梳理被毛可以有效防止被毛纠缠、打结、粘连，是狗毛发保持顺滑和美观的关键。

1 从后脖颈往尾巴方向梳

2 梳尾巴附近毛发

3 反复几次把毛发梳顺

4 梳锁骨附近毛发

5 梳脚部毛发

6 梳耳朵附近毛发

7 梳脖子下面毛发

补充营养

选择一款好犬粮，打好营养基础，在犬粮中增加一些蛋黄、鱼油、三文鱼等有亮毛作用的食物。平时也可以多带狗晒太阳，阳光浴有利于狗的毛发的生长，让毛发更有光泽，而且让狗晒太阳还能提高狗的免疫力。

铁元素

对维持狗的身体功能的正常运转至关重要，为器官和肌肉提供氧气。

补铁：西蓝花、紫甘蓝、彩椒等。

锌元素

增强免疫系统功能，改善狗的毛发和肤质。

补锌：鸡肉、火鸡肉、菠菜等。

硒元素

一种抗氧化剂，有助于防止由氧化损伤导致的过早衰老、癌症和炎症。

补硒：沙丁鱼、牛肉等。

肛门腺的位置

肛门腺
（Anal Gland）

肛门腺位于狗的肛门两侧约四点钟及八点钟的地方，左右各一个，且各有一个开口（如上图所示）。

肛门腺的作用

润滑

分泌润滑液，帮助狗在排便时润滑肛门，避免出现便秘的现象。

传递信息

肛门腺中含有丰富的信息素，可以向外界传递个性化信息。

肛门腺护理（二）

到底要不要挤肛门腺

一般来说，肛门腺的分泌物都在狗排便的过程中伴随粪便一起排出了。因此，如果狗没有出现坐在地上蹭屁股、舔咬肛门、蹲坐困难或者摇头摆尾的情况，就不需要经常挤肛门腺。

如何挤肛门腺

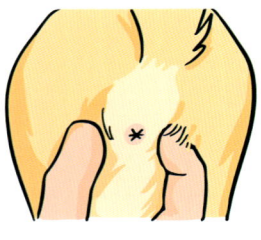

1. 将狗尾巴向上翻起，使肛门突出，将拇指和食指放在肛门两侧四点钟和八点钟方向处，摸到两个坚硬的腺体。

2. 由内而外、由轻到重地挤压。

3. 反复挤压，直至清空肛门腺。

4. 最后，清理干净。

认识狗的指甲

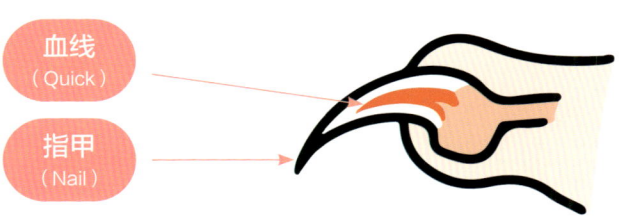

血线
（Quick）

指甲
（Nail）

工具推荐

宠物专用指甲剪有一个圆弧形的开口，可以更好地固定住宠物的指甲。

正确剪指甲

1. 用手紧握住狗的指甲根部，让指甲全部露出来。
2. 用宠物专用的指甲剪，以倾斜的角度剪断指甲。

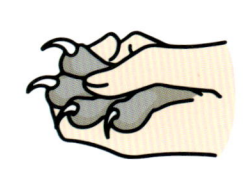

狗多久剪一次指甲

狗的指甲的理想长度是站立时不接触地面（如左图），根据指甲生长速度，一般每 3~4 周修剪一次即可。

不同季节如何照料

特点：发情、交配、繁殖和换毛。
养护注意事项：对发情的狗要加强看管，防止走失，防止乱交配；注意被毛梳理等。

特点：易中暑，食物易变质。
养护注意事项：注意防暑降温，避免狗在烈日下活动，一般在早、晚外出散步；预防食物中毒。

春季　夏季

秋季　冬季

特点：换季易生病，体内代谢旺盛。
养护注意事项：做好保暖工作；食欲增加，提供足够的食物。

特点：易受寒感冒。
养护注意事项：注意防寒保温，进行日光浴，预防冬季呼吸系统疾病和风湿病。

常见寄生虫（Parasite）种类

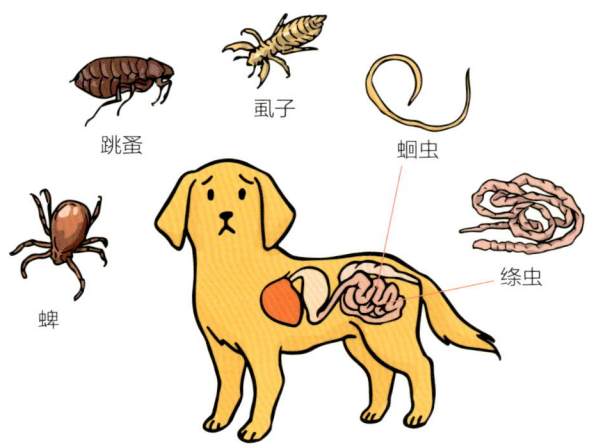

跳蚤

虱子

蛔虫

蜱

绦虫

蠕虫

如蛔虫、钩虫、蛲虫、丝虫、旋毛虫、绦虫、吸虫等。

原虫

球虫、弓形虫等。

节肢动物

跳蚤、硬蜱、虱子、疥螨、蠕形螨等。

驱虫操作方法

1. 先将狗颈部的毛拨开，露出皮肤，滴药位置最好选择狗舔不到的地方（一般在脖颈到背的位置）。

2. 将滴剂按剂量滴在狗的皮肤上，狗皮肤下的皮脂腺会慢慢地吸收药物，并通过循环在全身发挥作用。

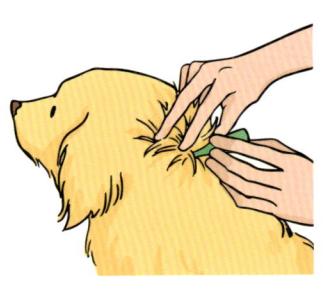

Tips!

注意

1. 妊娠期和哺乳期的母犬不能进行体外驱虫（Ectoparasite Control），以防发生意外。

2. 如果家中有多只宠物，需要同时做驱虫。

3. 在给狗驱虫前后 2 天避免洗澡和游泳，确保药效。（具体参见药剂说明书）

照顾新生幼犬

吃足初乳

喂足初乳是提高幼犬成活率的关键，幼犬从母犬的初乳里吸收能保护它安然度过最初 6~8 周所需的抵抗疫病的抗体。

保温与防压

温度是关系幼犬生死的重要因素；刚出生的幼犬活动能力较差，容易被母犬压伤。产房不宜太小，要比平时睡觉的地方大一些。

及时补乳和补食

母犬产仔多，或母乳供应不足时，就需要适当补乳。切忌喂食鲜牛奶，应选择专用的犬奶粉。25 日龄后就可在奶中掺入一些碎的熟肉，制成半固体状食物。

人工哺乳和寄乳

当母犬产仔数过多、母犬产后死亡、母犬产后奶少时，可进行人工哺乳和寄乳。相比于人工哺乳，寄乳对幼犬的成长发育更有利，就是将幼犬寄养给其他哺乳母犬。

社会化（Socialization）

社会化是狗幼年时期一个重要的过程，人为培养使幼犬适应人类社会生活环境，掌握与人类、同类及周围环境的相处之道，培养心态、智力、体能、行为习惯及基本素质，为未来社会生活打下基础。

社会化的意义

提升心智，促进个体心理健康，降低环境应激，提高幼犬的环境适应能力，提高幼犬的胆量与信心。

幼犬的环境适应训练
（Environmental Adaptation Training）

环境适应训练是幼犬社会化最基础、最重要的一部分。幼犬通常从 2 月龄起至打完第二针疫苗后就可以逐步开始各类环境适应训练。如人类居住区域环境适应训练、户外遛弯牵引训练（Outdoor Leash Walking Training）等。

幼犬的食物动力培养
（Food Drive Training）

食物动力即幼犬对食物的浓厚兴趣和需求。它对于提高训练效率、培养健康饮食习惯以及促进与主人的互动具有重要意义。

通过饥饿管理（Hunger Management）、多样化食物奖励（Diverse Food Rewards）、渐进式训练（Progressive Training）以及定期评估与调整等培养方式，可以有效地提升幼犬的食物动力水平。

幼犬的社会化（二） 🐾

幼犬的捕猎动力培养
（Predatory Drive Development）

捕猎动力是狗追踪、追逐并最终捕获猎物的本能行为体现。对于宠物犬，科学训练可满足其天性需求，同时避免其行为失控。

主人可以利用捕猎游戏（如拔河、巡回）与狗建立信任关系，并培养其服从性。

幼犬的游戏动力培养
（Play Drive Training）

游戏动力是狗通过玩耍探索周遭环境，释放过剩精力，并与主人建立深厚信任的关键驱动力。科学的培养策略不仅能促进幼犬身心健康发育，还可强化它们的服从性，减少行为问题，如嗅觉寻宝游戏和障碍训练等。

幼犬的族群动力培养
（Pack Dynamics Training）

族群动力即狗在群体中建立社交关系、理解等级秩序及合作互动的能力。可以让幼犬与性格温和的成年犬互动，学习社交礼仪（如轻嗅、摇尾示好）；全家轮流喂食、遛狗，避免幼犬只依赖单一主人；以及通过建立等级意识和培养合作训练能力加强狗的族群动力。

老年犬的生理变化——读懂它的"衰老信号"

身体的老化

听力下降：对呼唤反应迟钝，需用手势或触摸沟通。

视力模糊：避免频繁更换家具位置，防止撞伤。

关节炎高发：走路僵硬、起身困难，尽量减少狗爬楼梯等耗损关节的行动。

行为的变化

认知障碍：忘记定点排泄，夜间无故吠叫。应让狗保持规律作息，通过增加互动、提供安全感物品（如带有主人气味的衣物），配合环境调整（如减少噪声），来有效缓解狗的焦虑。

活动减少：睡眠时间延长，减少剧烈运动。

老年犬的居家照顾（二）🐾

居家适老化改造

环境优化建议

防滑处理：铺设短毛地毯，预防滑倒骨折。

进食便利：使用加高食盆，减少颈椎压力，缓解关节疼痛。

休息区：提供记忆棉垫与恒温宠物电热毯，防止褥疮，保暖关节。

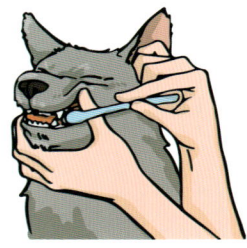

清洁与护理建议

牙齿保健：每周给狗刷两次牙，使用含酶牙膏，避免牙结石引发感染。

皮肤与毛发：夏季每月给狗洗一次澡，冬季适当减少次数，选择含燕麦、芦荟的沐浴露（舒缓止痒）；每日梳毛。

给主人的话

它可能走的慢了，但每一次摇尾都在说"我还在爱你"。

衰老不是终点，是你们共同书写的最后一章。

第四章

健康检查
常见疾病及急救

常见疾病及急救

各系统部位常见疾病

疫苗的选择

呕吐

人兽共患病

中暑

卡食异物

饮水量增加和排尿量增加

可能原因： 肾功能不足或衰竭、肾盂肾炎、肾积水等。

注意： 尽快就医。

全身水肿（四肢、胸部、腹部）

可能原因： 肾小管病、肾病综合征等。

注意： 尽快就医。

体重减轻

可能原因： 肾小球肾炎、肾淀粉样变等。

注意： 尽快就医，若确诊，日常可让狗吃处方粮，助其恢复健康。

尿频、排尿困难，或有排尿姿势但仅有少量尿液

可能原因： 膀胱炎、尿道炎、尿石症等。

注意： 尽快就医。

消化系统疾病 🐾
（Digestive System Disease）

呕吐（Vomiting）

可能原因：食物不耐受、犬粮质量有问题、胃肠功能障碍等。

注意：呕吐一直未得到缓解或呕吐物中有血凝块或咖啡色物质，请及时就医。

食欲减退或厌食（Inappetence or Anorexia）

可能原因：生活环境发生改变产生应激、犬粮适口性差或肠胃不适等。

注意：若长时间食欲不振并且精神萎靡，建议及时就医。

过量摄取食物（Overeating）

可能原因：天气寒冷，若伴随着体重下降可能是糖尿病等。

注意：适量控制饮食。若伴随着体重减轻建议就医检查。

便秘（Constipation）

可能原因：误食头发、食入过多骨头等干硬的食物。

注意：建议增加狗的每日饮水量，改善狗的饮食习惯。若症状仍没有好转，建议及时就医。

口臭、流口水（Halitosis, Ptyalism）

可能原因：口炎等。

注意：查看狗的口腔内部颜色是否偏红或呈白色等异常状态，建议及时就医。

腹痛（Abdominal Pain）

可能原因：腹膜炎、胰腺炎等。

注意：需要注意狗疼痛的表现，若自己无法分辨可拍视频，然后带着狗及时就医。

腹泻（Diarrhea）

可能原因：饮食不健康、胃肠炎症（大肠炎等）。

注意：若狗持续腹泻，为避免狗脱水，应及时就医。

巩膜黄染（Scleral Icterus）

可能原因：肝脏疾病（肝炎、肝硬化）等。

注意：应及时就医，若确诊是肝脏疾病，应在狗的日常饮食中给予低脂、易消化、富含优质蛋白和维生素的食物。

呼吸系统疾病
（Respiratory System Disease）

咳嗽、打鼾、流鼻涕、作呕
（Cough, Snore, Nasal Discharge, Retching）

可能原因： 吸入性呼吸道疾病、犬传染性呼吸道疾病综合征 、喉麻痹等。

注意： 给狗提供一个通风良好的生活环境，外出遛狗或者去宠物医院等可能会接触其他狗的场所时，尽量避免与其他狗接触，防止感染犬传染性呼吸道疾病综合征等呼吸系统疾病。

呼吸困难、张口呼吸、剧烈气喘
（Dyspnea, Open-mouth Breathing, Tachypnea）

可能原因： 肺水肿、肺炎、肺气肿等肺部疾病。

注意： 在日常护理的过程中，保证狗生活在一个安静、清洁、无灰尘、通风良好的环境，谨遵医嘱。

皮肤常见疾病 🐾

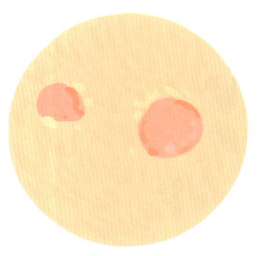

细菌型皮肤病（Bacterial Dermatitis）

症状： 细菌感染处伴有黄色结痂、脓包，或出现疱疹。

应对措施： 增强狗的免疫力，及时就医。

真菌型皮肤病（Fungal Dermatitis）

症状： 感染处断毛、脱毛，皮屑较多。

应对措施： 为狗提供干燥、洁净的生活环境，对感染处及时清洁，避免交叉感染。

寄生虫型皮肤病（Parasitic Dermatitis）

症状： 跳蚤、虱子、螨虫、蜱等寄生虫寄生在狗的表皮或皮内。身体皮肤部分发红，有时在皮肤上可见寄生虫的身影。

应对措施： 对狗进行定期驱虫。

其他皮肤疾病

狗在生活中还可能因为过敏患有荨麻疹，或者由于多种原因患有脱毛症、脂溢性皮炎等皮肤病。

应对措施： 日常需要多关注狗的皮肤毛发情况，若有出油过多、皮肤红疹或皮肤过度角质化等异常情况，请及时就医。

家中可备相关药品： 驱虫药、酮康唑或红霉素软膏。

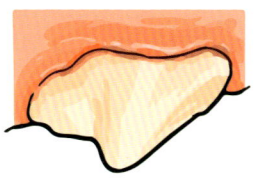

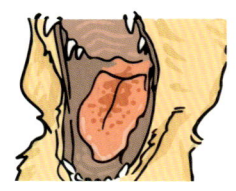

牙周病 （Periodontal Disease）	舌炎 （Glossitis）	口腔异物 （Oral Foreign Body）
口臭、牙周有脓肿、牙齿松动或开始脱落。	舌黏膜红肿、流口水、进食困难。	流口水，有食欲但进食困难。

应对措施： 注意牙齿清洁，从狗 6 月龄时培养它刷牙的习惯。

家中可备相关药品： 口腔抑菌喷剂。

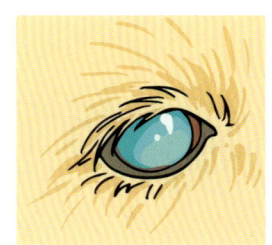

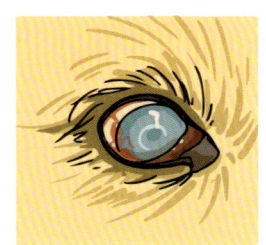

干眼症 （Keratoconjunctivitis Sicca）	青光眼 （Glaucoma）	角膜溃疡 （Corneal Ulcer）
角膜有色素沉积、血管增生。	眼球肿大，视力减退或无视觉，从侧面观察，眼角膜向外突出。	眼睛怕光，经常流泪，角膜呈淡黄色或纯黄色且浑浊。

应对措施： 及时就医，并做好眼部护理，防止狗抓挠眼睛。

家中可备相关药品： 硫酸新霉素滴眼液。

耳道常见疾病 🐾

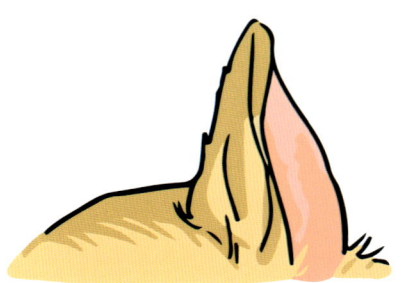

耳血肿（Aural Haematoma）

症状：耳郭的一部分或者整只耳朵出现肿胀，触摸有波动感。

原因：狗在打架过程中抓到耳朵，导致耳朵内部血管破裂。或因为耳朵瘙痒，狗在挠痒的过程中令耳朵内部的血管破裂。

外耳炎（Otitis Externa）

症状：狗经常摇头甩耳朵，抓挠耳郭，耳朵内分泌物过多，耳道内见暗褐色蜡质样耳垢。

原因：由细菌、真菌或者寄生虫感染引起。

疫苗名	预防种类	程序接种日期	实际接种日期
二联疫苗 （Bivalent Vaccine）	犬细小病毒 犬瘟热病毒	首针：1 月龄及以上	
		第二针：首针后 21 天	
		第三针：第二针后 21~28 天	
四联疫苗 （Tetravalent Vaccine）	犬细小病毒 犬瘟热病毒 犬副流感病毒 犬腺病毒 1 型	首针：6 周龄及以上	
		第二针：首针后 21 天	
		第三针：第二针后 21~28 天	
六联疫苗 （Hexavalent Vaccine）	犬细小病毒 犬瘟热病毒 犬副流感病毒 犬腺病毒 1 型 犬腺病毒 2 型 钩端螺旋体病	首针：6 周龄及以上	
		第二针：首针后 21 天	
		第三针：第二针后 21~28 天	
八联疫苗 （Octavalent Vaccine）	犬细小病毒 犬瘟热病毒 犬副流感病毒 犬腺病毒 1 型 犬腺病毒 2 型 钩端螺旋体病 黄疸出血型钩体病 犬冠状病毒	首针：6 周龄及以上	
		第二针：首针后 21 天	
		第三针：第二针后 21~28 天	
狂犬疫苗 （Rabies Vaccine）	狂犬病毒	3 月龄后注射	

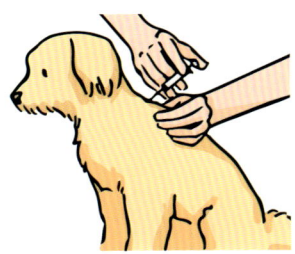

Tips!

注意事项

1. 接种完成后，留院观察 15~30 分钟，无异常便可离开。
2. 如出现过敏现象，请及时就医。

人犬共患传染病（一）🐾

狂犬病（Rabies）

狂犬病是由狂犬病毒（Rabies Virus）感染中枢神经系统引起的一种急性传染病，属于人畜共患疾病，一旦发病几乎 100% 致命，但可通过疫苗接种有效预防。

症状：狗感染后常表现出攻击性强、流口水、行走摇摆、恐水等症状。
人感染后会出现恐水、激动、头痛、发热等症状。

传播途径：狂犬病主要通过被感染狂犬病毒的动物（如犬、猫、蝙蝠等）抓伤、咬伤，或被这些动物的唾液接触到创伤处传播。

预防措施：应当定期为宠物犬接种狂犬疫苗，避免其接触流浪动物。
人若被咬伤，应立即用肥皂水和洁净流水彻底清洗伤口至少 15 分钟，然后尽快就医，注射狂犬疫苗、狂犬病免疫球蛋白（详情可见附录 D）。

预防狂犬病不仅保护了狗的健康，也保障了人类的健康和安全。定期接种疫苗是预防狂犬病的关键措施，一旦被咬伤，及时处理伤口和接种疫苗是防止发病的重要手段。

钩端螺旋体病（Leptospirosis）

钩端螺旋体病是由致病性钩端螺旋体引起的一种人畜共患传染病。

症状：狗会表现出发热、贫血、黏膜充血、黄疸等症状，人感染后会出现全身酸痛，特别是小腿酸痛，眼结膜充血等症状。

传播途径：主要通过接触被感染动物（如鼠类、猪、犬等）的尿液污染的水或土壤，经破损皮肤或黏膜进入机体。

预防措施：狗定期接种疫苗，保障狗生活环境清洁。

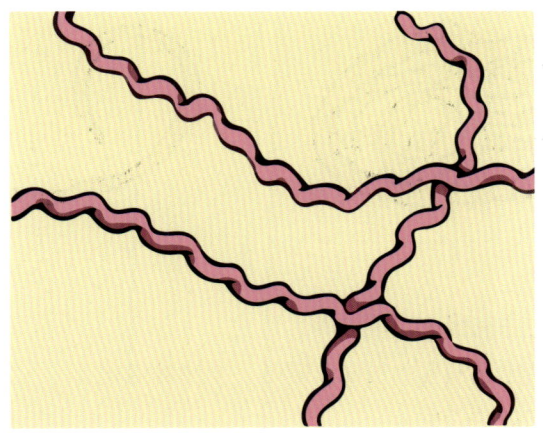

人犬共患寄生虫病

体表寄生虫（Ectoparasites）

狗可能感染虱子、蜱、跳蚤等。

症状：狗经常抓挠身体，在皮肤表面可看到虱子或跳蚤的虫体。

传播途径：通过与狗近距离接触传播。

预防：保持狗生活环境的干净，并定期消毒、定期驱虫。

体内寄生虫（Endoparasites）

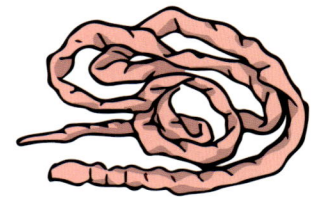 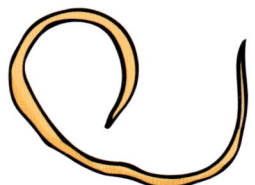

人犬共患的体内寄生虫有绦虫、蛔虫等。

症状：狗感染时，会出现消瘦、贫血、呕吐、发热等症状。

传播途径：通过狗的粪便传播。

预防：及时清理狗的粪便，保持狗生活环境的干净，并定期消毒、定期驱虫。

🐾 卡食异物的处理方法

卡食异物（Gastrointestinal Foreign Body）的症状

呕吐、大量流涎、精神萎靡、食欲不振、吞咽困难等。根据异物在消化道（口腔、咽、食管、胃、小肠、大肠）中所处的位置，症状稍有不同。

卡食异物的应急处理方法

1. 若异物高度梗阻，狗出现窒息症状、严重创伤或异物位置较深无法自行取出时，要立即就医。
2. 其他情况下（常指狗吞食的异物边缘平整且异物处于狗的口腔或喉部），可实施以下应急措施。

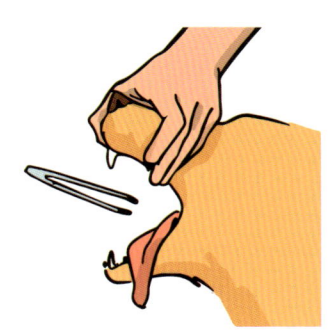

方法一：镊子夹取异物

将狗保定，用手将狗的嘴打开，轻轻拉出舌头，然后用手电筒照明，检查喉咙处异物种类和异物所在的位置，用镊子轻轻将异物取出，避免划伤喉咙。

注意事项：

1. 保定并安抚好狗，避免被咬伤。
2. 一定要先找到异物再取物，若异物较深建议及时就医。
3. 选择圆头镊子，防止划伤狗的食管。

方法二：倒挂法取异物

抓紧狗的后腿，使其呈 90° 立起，摇晃狗，让异物滑落并吐出来。

注意事项：

1. 仅适用于可以在喉咙深处滑动的异物。
2. 用此方法时，大型犬前脚着地，小型犬身体悬空。
3. 不可用力过猛。

卡食异物的就医和紧急抢救

卡食异物的就医

需要立即就医的情况：

1. 发现狗吞食尖锐、金属、线性异物。
2. 狗吞食的异物进入消化道深部，不能轻易取出。
3. 狗无法呼吸或失去意识等。

卡食异物的紧急抢救

危急情况下使用海姆立克急救法（Heimlich Maneuver）对狗进行抢救。

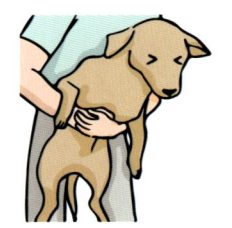

小型犬

将狗抱起，狗的背部紧贴我们的胸，身体前倾，一只手放在狗的胸骨下方，胸腔凹陷处，握拳，拳眼向内，另一只手呈掌包住拳头，斜向上角度快速用力冲击，直至异物排出。

大型犬

1. 让狗站立，一只手放在狗的胸骨下方，胸腔凹陷处，握拳，另一只手呈掌包住拳头，斜向上角度快速用力冲击，直至异物排出。
2. 让狗侧躺，握紧拳头，将拇指的关节放在狗的肋骨下方的凹陷处，朝着头部强力推动。

Tips!

注意事项

1. 适用于卡在喉咙深处看不到的异物。
2. 注意力度，以防骨折和损伤脏器。
3. 如果使用此方法没有排出异物，则需要停止操作。
4. 若狗没有呼吸或失去知觉，取出异物后还要进行心肺复苏（Cardiopulmonary Resuscitation, CPR）。
5. 若异物卡太紧，需要拍打震松异物，拍打时手掌呈空心掌。

中暑（Heatstroke）初期

急促喘气

精神不佳

中暑中、后期

站立不稳

抽搐

流口水

呕吐

腹泻

便血

中暑的急救措施

如果发现狗已经出现了抽搐、倒地不起甚至休克等非常危险的情况，一定要及时送医抢救。以下措施可缓解中暑症状，争取黄金救援时间。

缓解中暑症状措施

将狗移到阴凉处，开空调或电扇吹风散热。

用冰袋给狗降温。

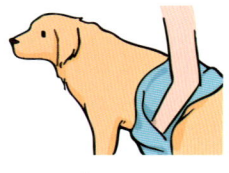
用酒精、湿毛巾等擦拭狗的肉垫、腹股沟、耳朵等毛发较少的部位。

如果狗神志清醒，则可以为狗补充适量水分。

如何预防狗中暑

1. 不要把狗独自留在车内或者关在阳台上。
2. 遛狗的时间尽量选在早晨或者晚上。
3. 遛狗的时候一定要带瓶水，让狗随时补充水分。
4. 狗独自在家时一定要准备好干净的水，并且打开门窗通风。必要时可以开空调。

由消化不良和吞食异物导致的呕吐

狗的呕吐物中有未消化的食物

原因：

消化不良、换粮不适应、进食过多或过快等。

应对：

1. 大多数情况属于生理性呕吐，通常不会太严重，狗休息好后基本可以恢复。
2. 如果持续时间较长，建议及时就医。

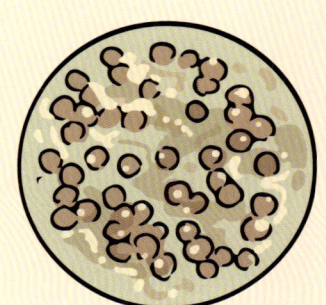

狗的呕吐物中可见异物和泡沫

原因：

狗误食了塑料袋等异物。
刺激胃肠道引发呕吐。

应对：

1. 如果狗吞食的异物较小且异物不深，则通过呕吐排出基本可以恢复。
2. 如果异物较大或者较为尖锐，则需要及时就医取出异物。

由寄生虫和病原微生物引起的呕吐

狗的呕吐物中可见虫体

原因：

驱虫不当或者没有定期驱虫，导致寄生虫感染。

应对：

1. 主人可以给狗喂食驱虫药。平时要注意狗的饮食，尽量不要让狗喝生水、吃生食，保持好狗生活环境的卫生。
2. 如果驱虫后仍有这种情况，建议及时就医。

呕吐并伴有腹泻、精神萎靡、高热、嗜睡、厌食等症状

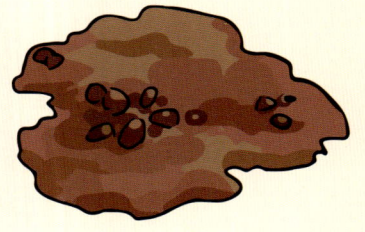

原因：

狗感染病原微生物。

应对：

这类疾病多发于抵抗力低下的幼犬，致死率是非常高的。建议及时送往医院进行治疗，以免错过最佳的治疗时间。

异常情况	可能原因	建议措施
粪便干燥坚硬，外表微裂或呈球状	喂食量过少或饮水不足	增加饮水量或喂食量，喂食益生菌调理肠胃
腹泻，软便或粪便呈水状	胃肠道疾病、消化不良、受凉感冒、病毒感染等	调整饮食，喂食益生菌进行调理，若长期持续，须及时就医
粪便中有虫体	寄生虫感染	及时就医，定期进行驱虫，保证食物的新鲜，及时清理粪便
粪便颜色呈黄白色	肝功能异常或日粮中脂肪含量过高	调整饮食，减少脂肪含量较高食物的饲喂
粪便颜色呈红色	消化道出血、病毒感染、寄生虫感染等	定期驱虫，及时就医
粪便颜色呈黑色	消化道出血，细菌或病毒感染等	及时就医

养护随记 🐾

第五章

治疗照护
狗的全方位调养指南

体温监测

保定

手术照护

手术科普

喂药与用药

注射

出现下列情况请及时就医

突发症状或创伤

呼吸困难、中毒、严重腹泻或呕吐、重度外伤等。

持续症状或体征

长期流涕、呕吐、厌食、抽搐、体重减轻及异常皮肤病变等。

行为异常

异常安静、异常活跃、行走异常、反应迟钝等。

就诊准备

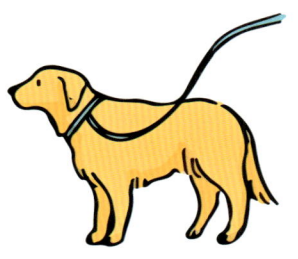

航空箱或牵引绳

生病症状的视频

呕吐物或粪便

以前的病历

测量体温

小型犬正常体温范围：38~39℃。

大型犬正常体温范围：37.5~38.5℃。

不同年龄阶段、体形的狗正常体温不同，幼犬体温略高 0.5℃左右。

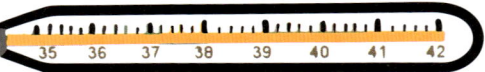

肛温测量
（Rectal Temperature Measurement)

首先将干净的体温计水银柱甩下，将保定后平静的狗的尾部抬起，露出肛门，将涂有润滑剂的体温计插入肛门 1/3 处，等待 3 分钟后拔出。

耳温测量
（Tympanic Temperature Measurement）

将耳温计插入狗的耳道，须小心以免损伤耳道。切勿将耳温计推入太深。

此外，测量的过程中可以抱住并抚摸狗，让它保持冷静。

后腿温测量
（Inguinal Temperature Measurement）

将体温计放入狗的后腿内侧根部，等待 5 分钟后读数。测温时接近腹股沟，尽量在无毛或者少毛处测量。

Tips!

注意事项

切勿强行将温度计插入狗的耳朵或肛门。如果它们看起来不舒服，请停止测温并咨询宠物医生，寻求帮助。

口套保定（Muzzle Restraint）

可选用结实的尼龙布、绷带制作口套。首先选用适宜规格的口套，较窄的部分靠近鼻侧，较宽的部分放置于下颌下，绕到狗的耳后于颈背部扣牢；调整系带，使之既松紧舒适，又不会滑脱，或被狗挣脱。

防护圈或伊丽莎白圈保定（Elizabethan Collar Restraint）

根据狗的品种和大小选择合适的防护圈，其宽度比口鼻长 2~3 cm 为宜（防护圈的边缘伸展超过鼻尖）。将防护圈戴在狗颈部，双手在狗颈背部将防护圈扣紧，松紧要合适。戴圈时要注意避开嘴部，防止被咬伤。

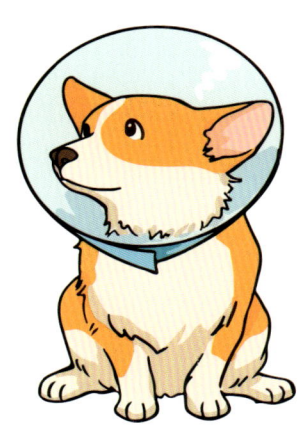

保定的方法（二）🐾

徒手保定（Manual Restraint）

针对小型犬及较为温顺的狗：
将狗置于保定台上，尽量将狗靠近保定者的身体，保定者将一条胳膊绕过其颈部腹侧，用手固定狗的头颈部，将另一条胳膊由狗的身后绕过，手置于其肘关节上方。
针对中大型犬宜在地面上保定：
保定者应保持跪姿，操作方法与保定小型犬相同。

幼犬的保定（Puppy Restraint）

幼犬体形较小，需要避免控制时力度过大弄伤狗。

1. 一只手控制住幼犬的口鼻部或肩颈部，保证其不会转头、抓咬。
2. 另一只手控制其身体或将其身体部位暴露出来，方便就医。

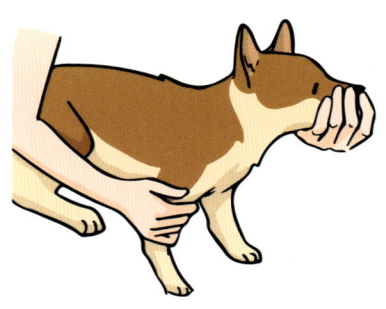

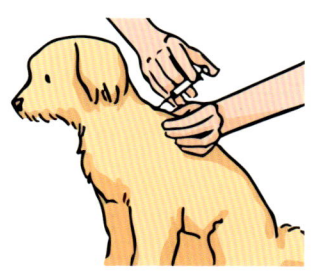

皮下注射法
（Subcutaneous Injection, SC）

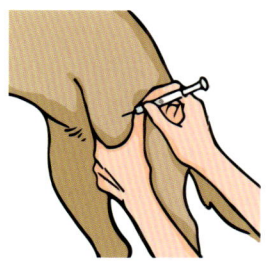

肌内注射法
（Intramuscular Injection, IM）

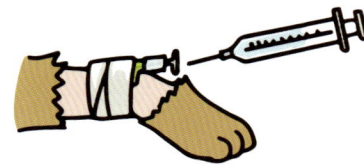

静脉注射法
（Intravenous Injection, IV）

静脉注射是一种将药物或液体直接注入静脉、快速进入血液循环的给药方式。对于单次注射，通常使用注射器搭配头皮针即可完成操作。但如果需要多次注射，建议采用留置针（Indwelling Needle）（静脉套管针）。这种针头带有柔软的导管，可安全地留在血管内，方便反复给药，减少反复穿刺的痛苦。

在使用留置针时，需要注意避免挤压或碰撞留置针的部位，防止狗因不适而抓咬输液部位，同时注意保持注射部位的清洁和干燥。

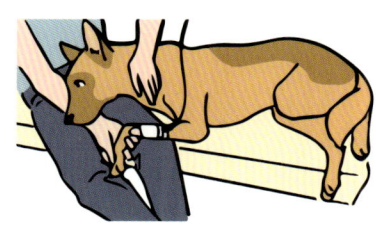

Tips!

注意事项

1. 主人可以听从医生的指引，帮忙保定注射中的狗，来缓解狗的焦躁和不安情绪。
2. 主人在狗输液时可以陪在狗的身边，适当抚摸它。
3. 可以准备狗常用的毛巾，让它适应环境。

喂药小技巧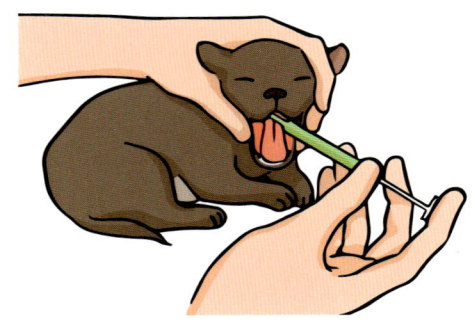

狗呈站立或坐立姿势，主人用拇指、食指和中指夹住狗两侧的嘴角，使狗的嘴巴张开后，将药片或胶囊放到狗的舌根部，合拢并上举嘴巴，同时可轻抚咽部或轻捏鼻孔，使狗迅速将药吞下。

针对较温顺的狗：
可以将药混在食物或水中，或用狗喜欢吃的食物引诱其服用药物。

Tips!

注意事项

经口灌药（Oral Administration）时，狗的头不能抬得过高，嘴不可高于耳朵，灌药的动作要慢，要有耐心，切忌粗暴，以免灌入气管或肺内。

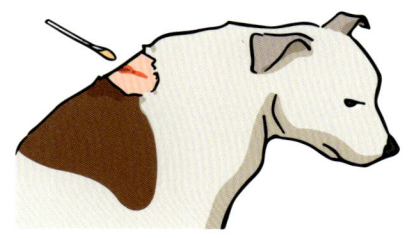

皮肤外用药
（Topical Medications）

1. 安抚好狗后，尽量靠近身体保定好，使用剃毛器将患部周围毛发剃除。
2. 针对膏状、液体药物，可使用消毒棉签将药物涂于狗的患部。
3. 涂药后给狗戴上伊丽莎白圈，防止狗舔舐药物中毒或污染患部。

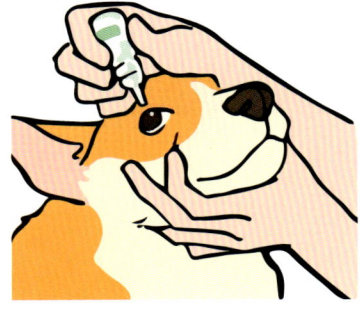

眼药
（Ophthalmic Medications）

1. 稳定住狗的身体，然后抱住狗的头部，让它抬起头并且保持静止。
2. 将狗的下眼睑往外拨开，让其下眼睑与眼球中间形成一个"口袋"状的空间，方便滴眼药水或眼膏。
3. 滴眼药水时要尽量靠近狗的眼睛，但需小心，避免戳伤狗。
4. 滴入后，用干净的双手帮狗轻柔按摩，促进药物吸收。

绝育小知识
（Neutering）

绝育的年龄

建议在母犬第一次发情之前，在公犬 8~12 月龄，身体健康的状态下进行绝育。成年母犬绝育建议避开发情期（Estrus Cycle）。

为什么要给狗绝育

预防狗生殖系统疾病的发生，有利于纠正狗的不良行为。

对公犬而言

绝育可以降低睾丸瘤（Testicular Tumor）和非肿瘤性前列腺疾病的发生率，以及可能延长寿命。同时减少狗骑跨、发情、四处标记等不良行为。

对母犬而言

绝育可以降低卵巢或子宫瘤变、子宫蓄脓症、乳腺病变等疾病的发生率。

术后怎么做

1. 建议等狗完全苏醒后再离开。狗由于疼痛可能会做出本能性的咬合动作，请勿将手放在狗的嘴边，以免造成意外伤害。

2. 术后禁水（Postoperative Water Restriction）4 小时，禁食（Postoperative Fasting）6 小时，以防麻醉药还没有完全失效引起呕吐，建议先饲喂流食，第二天可正常进食。

3. 术后每天用碘伏消毒伤口，直至拆除缝线，母犬一般 7~10 天拆线，老年犬愈合能力变差，需在 10~14 天拆线。

4. 伤口在术后 2~3 天有轻度肿胀和渗出，属于正常现象，如果 3 天后仍有肿胀、渗出或者愈合不良，请及时联系宠物医生。

5. 佩戴伊丽莎白圈，以防宠物舔舐、咬破自己的伤口，或撕咬手术衣，使伤口延迟愈合甚至感染。一周左右拆线。

6. 环境勤消毒，保持干净、干燥，避免潮湿滋生细菌。定期检查伤口，不得洗澡，如发现伤口有血水渗出，可能是伤口崩开，需要就医复诊。

7. 术后两周内应静养，禁止奔跑、跳跃、爬楼梯等剧烈运动，外出遛狗必须佩戴牵引绳，以免伤口裂开，遛狗时长须遵医嘱。

8. 不要自行饲喂人用止痛药。术后一般会注射短效或长效消炎止痛药，如果狗回家后疼痛反应较明显，可咨询宠物医生。

9. 伤口不能碰水，最好在拆线一周后再考虑洗澡。

骨折手术 🐾

运动　　　　车祸

狗天性喜动，骨折原因多为外界各种机械暴力（机械性骨折，Traumatic Fractures），如碰撞、打滑、压迫、摔倒等；病理性骨折（Pathological Fractures）多为骨髓炎、骨瘤、软骨病、坏疽或周围骨组织感染引起骨组织发炎而导致的骨折。

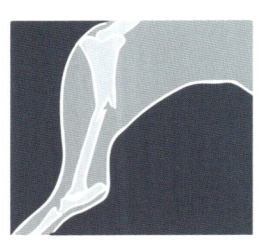

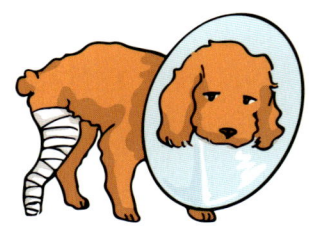

骨折 X 射线片　　　　骨折术后

狗骨折常发生于长骨、肋骨、髋骨、脊椎或头颅等处。根据骨折局部皮肤或黏膜的完整性是否遭到破坏，将骨折分为开放性骨折和闭合性骨折。根据骨折的程度及形态可分为不完全骨折和完全骨折。手术治疗的时间长短和所需诊疗视骨折的严重程度而定。

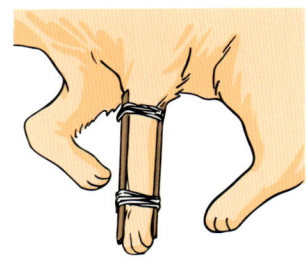

外固定

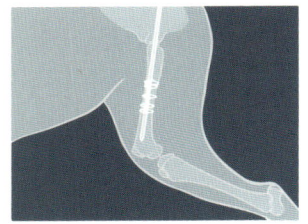

内固定

骨折的固定技术
（Fracture Fixation Technique）
分为外固定和内固定
（External Fixation / Internal Fixation）

对于骨折，必须坚持早期治疗、合理治疗，不要错过有利的治疗机会。在术后照护中，必须要注意适当控制运动，增加营养供给，以促进狗早日康复。

眼睑内翻（Canine Entropion）是狗常见眼科疾病之一，临床表现为眼睑向内翻转，引起眼周被毛和睫毛刺激结膜和角膜，导致炎症的发生，影响狗的视力。其临床症状包括流泪、睑痉挛、畏光、结膜炎和角膜炎等。

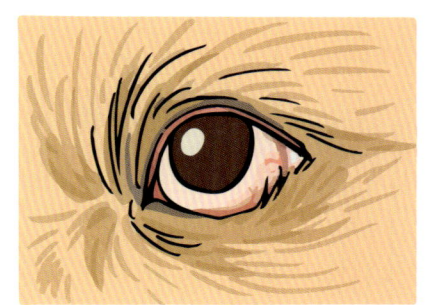

手术治疗

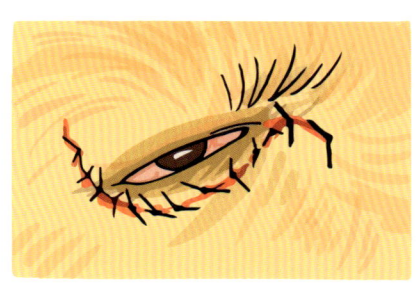

根据不同狗的情况，于内翻眼睑边缘处用弧形止血钳夹持皮肤，用镊子调整夹持皮肤的形状，使之保持平整、无褶皱，夹紧止血钳 30 秒后，用手术刀沿着止血钳压后的皮肤基部将多余皮肤切除，并缝合切口。

眼睑内翻在小动物中很常见，特别是一些特定品种的犬，如沙皮犬、松狮犬、藏獒、罗威纳犬、大丹犬、拉布拉多猎犬和英国斗牛犬等。

开腹手术

狗的开腹手术（Laparotomy）是常见的外科手术，通常用于治疗腹部器官的疾病。手术过程中，宠物医生会在狗全身麻醉的情况下切开狗的腹部，直接对狗的内部器官进行操作。

常见针对疾病 ·····················

消化道疾病（Digestive System Disease）：如肠梗阻、肠扭转、肠套叠、胃扩张等，开腹手术可以直接进入腹腔进行治疗。

泌尿系统疾病（Urinary System Disease）：如膀胱结石、尿道结石等，开腹手术可以移除结石。

产科疾病（Obstetric Disease）：如子宫内膜炎、子宫肌瘤、卵巢囊肿等，开腹手术可以有效治疗这些疾病。

肿瘤切除（Tumor Resection）：对于体内的良性或恶性肿瘤，开腹手术可以完整切除肿瘤并进行病理检查。

外伤救治（Trauma Treatment）：对于遭受严重外伤的狗，开腹手术可以清理其腹腔内的异物、止血和修复受损组织。

剖宫产（Caesarean Section）：对于难产或需要紧急分娩的母犬，开腹手术可以安全地取出胎儿，降低母犬和幼犬的死亡率。

其他疾病：如内脏破裂、异物穿入等，开腹手术是唯一可行的治疗方法。

狗吞食异物造成胃肠阻塞，可能需要进行开腹手术。

剖宫产和子宫蓄脓手术

剖宫产手术
(Caesarean Section)

剖宫产是经腹切开完整的子宫壁娩出胎儿及其附属物的手术。

一般说来，狗的妊娠期为 60 天，个别提前 1~2 天生产，少部分推迟 1~2 天生产，也有极个别的推迟 3 天生产。凡是已到临产期不能顺利生产，推迟后仍不能顺产者，都可确诊为难产（Dystocia）。早期判定、早期手术是剖宫产成功的关键因素之一。

总之，只要确诊为难产，剖宫产宜早不宜迟。

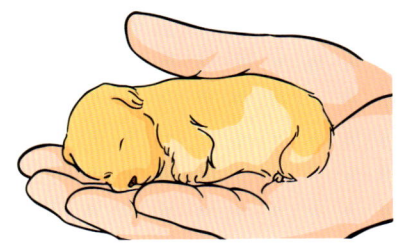

子宫蓄脓手术
（Pyometra）

子宫内有大量脓液蓄积称为子宫蓄脓，多发生于 4 岁以上的未绝育犬。可分为闭锁型子宫蓄脓和开放型子宫蓄脓，开放型子宫蓄脓因临床症状明显而易于诊断，而闭锁型子宫蓄脓仅从临床症状很难作出诊断，需结合其他诊断方法才能确诊。

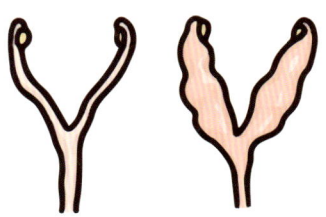

正常子宫和蓄脓子宫剖面对比图

常见症状

精神沉郁，饮欲和食欲降低直至废绝，呕吐。大部分患犬体温升高。当发生闭锁型子宫蓄脓时，阴道无分泌物流出，腹围增大；当发生开放型子宫蓄脓时，阴道有脓性分泌物流出。

术前注意事项 🐾
（Preoperative Precautions）

狗：
术前禁食 8~12 小时，
禁水 3~4 小时， 避免
过度兴奋和刺激。

医生：
术前要对狗进行全身检
查，检查各项生理指标
是否正常。
准备术中及术后需要用
的器械、敷料，并进行消
毒。确定术式，与宠物
主人及时进行沟通，说
明手术成败的可能情况。

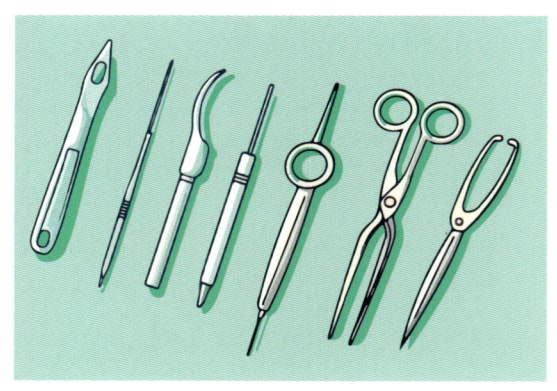

受手术影响，狗的生理功能会发生一系列的变化，饮食、活动等方面也受到不同程度的影响。因此，狗手术完成后，并不等于全部手术治疗任务的完成，必须对狗精心护理，才能保证手术治疗成功，加速机体康复。所谓"三分治疗，七分护理"。

注意狗的保暖

及时对伤口进行消毒

为狗提供干净且有营养的食物

术后运动

对狗进行术后护理时，不仅要使用抗生素，还要配合营养方面的调整，有条件的还可以进行输液治疗，但是要注意避免患犬受到刺激。

养护随记

 # 附录 A　选择狗的品种时考虑的因素

毛发长度及掉毛程度

◎阿富汗猎犬、比熊、喜乐蒂牧羊犬、萨摩耶犬、金毛寻回犬等长毛犬，需要主人勤梳理毛发，或者适当修剪毛发，防止打结。短毛犬无须主人特意打理。

◎易掉毛的狗：萨摩耶犬、金毛寻回犬、阿拉斯加犬等。

体形大小及性格

◎小型犬有巴哥犬、吉娃娃、腊肠犬等，中型犬有边境牧羊犬、柯基犬、柴犬等，大型犬有金毛寻回犬、拉布拉多犬等。

◎不同品种的狗性格也有所不同，例如性格活泼的犬种有巴哥犬、哈士奇等，性格较为温顺的犬种有金毛寻回犬、拉布拉多犬等。

品种犬注意点

巴哥犬
易出现呼吸道问题、眼疾、皮肤问题。

拉布拉多犬
注意遗传疾病。

吉娃娃
易出现肠胃问题、内分泌问题。

阿拉斯加犬
"玻璃胃"，易出现关节问题。

柯基犬
易患腰椎病。

杜宾犬
肠胃敏感。

附录 B 常见品种 🐾

吉娃娃 小型犬

生理特征：体重 1~3 kg，有一双大立耳，眼睛又大又圆，毛色有黑色、奶油色、金色等。

性格特点：警惕性高、自信、爱吠、爱挑衅。

雪纳瑞犬 小型犬

生理特征：体重 6~8 kg，面部有夸张的胡须，耳朵竖立向前折叠，呈"V"字形，毛色有纯黑色、白色、椒盐色等。

性格特点：不乱吠、心思细腻。

巴哥犬 小型犬

生理特征：体重 6~8 kg，头呈圆形，眼睛圆溜溜的，很大且突出，面部褶皱较多，躯干短，尾巴卷曲。毛色呈黑色、咖啡色或银色。

性格特点：忠诚、活泼、爱干净。

比格犬 中型犬

生理特征：体重 8~18 kg，头盖方形，大脑发达，一双可爱的大垂耳朵。身体躯干呈长方形，毛色为白色、褐色、黑色等。

性格特点：温顺、友善、声音洪亮。

腊肠犬 小型犬

生理特征：体重 9~12 kg，头骨呈梭形，口鼻细长，身体躯干呈长方形，四肢短小，毛短有光泽，毛色有奶油色、红色、黑色、棕色等。

性格特点：机灵、自信、勇敢。

柯基犬 中型犬

生理特征： 体重 10~12 kg，耳朵中等大小，直立，棕褐色眼睛，后驱肌肉发达有力，毛色有黑头三色、黄头三色、黄白色、奶油色等。

性格特点： 温顺、固执、贪吃。

柴犬 中型犬

生理特征： 体重 7~11 kg，前额较宽，吻部尖细，有一双小立耳，四肢有力。体毛茂密，毛色有黑色、白色、红色等。

性格特点： 倔强、活泼、不喜吠。

边境牧羊犬 中型犬

生理特征： 体重 12~20 kg，毛色以黑白色最为常见，面部眼睛及耳朵部位为黑色，其他部位为白色，有"白围脖"。毛色还有黄白色、红白色等。

性格特点： 智商高、警惕性高。

萨摩耶犬 中型犬

生理特征： 体重 20~23 kg，是优雅的尖嘴犬，有"微笑天使"之称，杏仁眼，毛发浓密、雪白无杂色。

性格特点： 胆小、顽皮、记性好。

中华田园犬 中型犬

生理特征： 体重 10~30 kg，嘴尖，前额平整，耳朵小，四肢长而有力。毛色为黄、白、黑等杂色。

性格特点： 温顺、忠诚、聪明。

拉布拉多猎犬 大型犬

生理特征： 体重 25~38 kg，头骨宽平，口吻不狭长，耳朵自然下垂呈三角形，被毛短而密，毛色有黑色、黄色、巧克力色等。

性格特点： 友善、亲人、忠诚。

杜宾犬 大型犬

生理特征： 体重 32~45 kg，前额瘦，头呈"V"字形，耳位高，肌肉结实，常见毛色有黑色、红色和蓝色等。

性格特点： 智商高、护卫能力强、情感需求高。

德国牧羊犬 大型犬

生理特征： 体重 34~43 kg，耳朵直立，耳基较宽大，耳郭呈放射状，被毛短且密，触感稍硬，毛色有黑褐色、红黑色、黑银色等。

性格特点： 勇敢、忠诚、智商高。

金毛巡回犬 大型犬

生理特征： 体重 25~34 kg，头骨宽阔，口吻粗壮，耳朵中等、下垂贴于面颊，被毛长而浓密呈双层结构，外层防水、内层柔软，毛色有奶油金色、浅金色和深金色。

性格特点： 聪慧、热情、包容。

阿拉斯加雪橇犬 大型犬

生理特征： 体重 39~56 kg，眼睛为深褐色或黑色，耳朵呈三角形，耳尖略圆，呈直立状态。面部颜色为黑白色、灰白色、红棕白色等。

性格特点： 忠诚、胃口好、精力旺盛。

🐾 附录 C　宠物狗出入境及国内出行

宠物狗入境

监管政策

《中华人民共和国海关法》《中华人民共和国进出境动植物检疫法》。宠物狗的入境检疫工作按照海关总署公告 2019 年第 5 号《关于进一步规范携带宠物入境检疫监管工作的公告》规定的内容执行。

总体要求

1. 每人每次限带 1 只。
2. 非指定国家或地区伴侣动物入境，需额外提供中国海关采信检测结果实验室出具的狂犬病抗体检测报告。
3. 必须在"狂犬病疫苗接种的有效期间"和"狂犬病抗体检测的有效期间"内抵境。

入境准备材料

1. 有效的狂犬病疫苗证书：须在离入境之日前 1 个月以上，1 年以内注射过疫苗；宠物接受注射的疫苗应为灭活病毒疫苗或重组 / 改良疫苗。
2. 有效的官方动物检疫证书：须在抵境之前 14 日内出具。
3. 电子芯片：植入的芯片须符合国际标准 ISO11784 和 ISO11785。
4. 狂犬病抗体检测报告：中国海关采信检测结果实验室出具的。

入境步骤

1. 准备好上述纸质证明材料。
2. 预订机位和宠物有氧舱。
3. 办理好宠物主和宠物狗的登机手续。
4. 下机后在机场的宠物检疫处填写"携带入境宠物狗信息登记表"。
5. 海关对宠物狗进行现场或隔离检疫。

检疫处置方式

1. 材料符合要求的宠物狗，可以在全国任何口岸接受现场检疫，合格后可直接入关，免于隔离检疫。
2. 对于无法提供官方检疫证书或疫苗接种证书的宠物狗，或者证书存在任何缺陷，将作退回或销毁处理。
3. 对于出现无法提供中国海关采信检测结果实验室出具的狂犬病抗体检测报告或未植入芯片情况中的一种或两种宠物狗，必须在建设有隔离检疫设施的口岸作隔离检疫 30 天处理。

宠物狗出境

监管政策

每个国家对入境宠物狗的要求都不同，且多数国家或地区都会制订具体的检疫要求。

入境他国准备材料

有效的身份证明文件、宠物狗狂犬病疫苗接种证明、植入宠物芯片证明、狂犬病免疫抗体血清报告、入境许可证、动物卫生证书。

其他要求

驱虫处理。如入境欧盟的宠物狗，需进行驱虫处理，有效期为 120 小时。

国内办理宠物狗出境的程序

准备材料→递交申请→资料审核→现场检疫→签发证书。

宠物狗国内出行

监管政策

《中华人民共和国动物防疫法》、《动物检疫管理办法》（农业农村部令 2022 年第 7 号）、《犬产地检疫规程》、《农业部关于进一步加强犬和猫产地检疫监管工作的通知》（农医发〔2013〕16 号）。

准备材料

狂犬病疫苗接种证明（狂犬病疫苗注射证明时间需在 21 天以上、1 年以内）、携带人身份信息、公共交通工具行程单、检疫合格证明。

托运流程

1. 订票。
2. 申请托运。
3. 病原检测。
4. 申报产地检疫。一般是提前 3 天申报，目前国内绝大部分省份都已经开始使用"牧运通"软件开展网上申报。
5. 现场检疫。
6. 办理托运。携带宠物狗的免疫证、检疫合格证明及宠物狗托运申请。

乘坐国内交通工具注意事项

1. 地铁。关注当地地铁公众号→是否可携带犬只→若允许请携带好宠物免疫证明。
2. 飞机。提前 24~72 小时预约含有有氧舱的航班托运→准备好上述证明材料。
3. 高铁。提前 48 小时在中国铁路 12306 网站进行预约（狗体重 ≤ 15 kg，肩高 ≤ 40 cm，健康）→携带宠物检疫合格证明。

附录 D　被狗抓／咬伤后的处理

根据不同的暴露程度需采取不同的措施

暴露等级	和动物接触的亲密等级	采取措施
Ⅰ类	触摸或喂养动物，动物舔触的皮肤完整无损	不需要进行任何处理
Ⅱ类	皮肤被轻咬或者仅有轻微抓伤而无出血（皮肤有破损）	立即处理伤口并接种狂犬病疫苗
Ⅲ类	一处或多处穿透性皮肤咬伤或抓伤（伤口较深）；动物舔触处的皮肤有破损；动物舔触处的黏膜被其唾液污染；与蝙蝠接触	立即处理伤口并接种狂犬病疫苗，注射狂犬病免疫球蛋白

被狗抓／咬伤后的紧急处理措施

1. 被抓／咬伤后，立即挤压伤口排出污血，但绝不能用嘴去吸伤口。

2. 用一定压力的流动清水（比如自来水）及 20% 肥皂水或其他弱碱性清洁剂交替冲洗伤口，至少 15 分钟。

3. 冲洗后用 75% 乙醇擦洗或 2%~3% 碘酒涂擦伤口。

4. 伤口一般不予缝合或包扎，不涂软膏或粉剂等不利于伤口排毒的药品。如伤口创面大且深，立即到正规医院进行处理。

5. 根据咬伤部位及严重情况，及时、规范地接种人用狂犬病疫苗。

🐾 附录 E 为爱犬书写温暖的终章

如何判断爱犬进入生命末期

身体信号

持续衰弱（无法站立、进食困难、失禁）；
呼吸急促或异常缓慢；
长时间躲藏或拒绝互动。

行为变化

对最爱的食物和玩具失去兴趣；
频繁发出哀鸣或异常安静。

宠物医生建议

结合体检指标（如器官衰竭、肿瘤恶化）综合评估。

安乐死的决策与实施

1. 何时考虑安乐死？

当痛苦无法控制，生活质量持续下降时；
参考宠物医生建议。

2. 如何准备？

提前与家人达成共识，避免临时争执；
选择熟悉的医院或家庭上门服务。

主人的情感支持与自我疗愈

接受失去爱犬的痛苦，无须强行坚强。
定制爱犬的仿真毛毡、照片墙等纪念品。

试着继续坚持你们最爱的散步路线，当风摇动树叶时，或许正是它在蹭你的手心说想念。

参考文献 🐾

[1] ACKERMAN L. Behavior problems of the dog and cat[M]. Philadel-phia: Elsevier Saunders,1997.

[2] MILLIS D, LEVINE D. Canine rehabilitation and physical therapy[M]. 2nd ed. St Louis: Elsevier, 2014.

[3] 李红梅，李慧雯，房福超，等 . 不同品种幼犬体重生长规律 [J]. 今日畜牧兽医，2023，39(10): 2-3,73.

[4] 邱广志，喻礼怀，王贵生，等 . 犬粮市场现状调查报告 [J]. 当代畜牧，2023(4): 112-117.

[5] 李冰 . 告诉您如何选择犬粮 [J]. 中国工作犬业，2014(10): 67-68.

[6] 吴孝杰，李和国，马进勇，等 . 宠物犬犬粮的选择技术 [J]. 畜牧兽医杂志，2019, 38(3): 45-47.

[7] 刘凤华 . 浅谈老龄宠物犬的饲养管理 [J]. 中国工作犬业，2020(2): 22-23.

[8] LAFLAMME P D. Nutrition for aging cats and dogs and the Impor-tance of body condition[J]. The Veterinary clinics of North America: Small animal practice, 2005, 35(3): 713-742.

[9] FREEMAN L M, MICHEL K E. Evaluation of raw food diets for dogs. [J]. Journal of the American Veterinary Medical Association, 2001, 218(5): 705-709.

[10] DELANEY S J. Nutritional Management of Endocrine Diseases[J]. Clinical Techniques in Small Animal Practice, 2006, 21(3): 167-175.

[11] 周玉春 . 犬的疫苗与驱虫 [J]. 当代畜禽养殖业，2005(4): 42.

[12] 刘九生 . 犬寄生虫的驱虫方法 [J]. 兽医导刊，2016(21): 48-49.

[13] 陈修强，秦靖，何小军，等 . 幼犬生理特点及日常护理保健办法 [J]. 广东畜牧兽医科技，2015，40(6): 46-47.

[14] 卫国，马大君，丁晓麟，等 . 新生仔犬的护理要点 [J]. 中国工作犬业，2013(6): 14-15.

[15] 王志忠，魏厚勤 . 浅析幼犬社会化训练的重要性及方法 [J]. 中国工作犬业，2023(5): 34-36.

[16] 侯加法 . 小动物疾病学 [M]. 北京：中国农业出版社，2002.

[17] 潘亚文 . 犬几种常见消化系统疾病的症状与防治 [J]. 养殖技术顾问，2014 (11): 225.

[18] NAFE L A, GROBMAN M E, MASSEAU I, et al. Aspiration-related respiratory disorders in dogs[J]. J Am Vet Med Assoc. 2018, 253(3): 292-300.

[19] REAGAN K L, SYKES J E. Canine Infectious Respiratory Disease[J]. Vet Clin North Am Small Anim Pract. 2020, 50(2): 405-418.

[20] MACPHAIL C M. Laryngeal Disease in Dogs and Cats: An Update[J]. Vet Clin North Am Small Anim Pract. 2020, 50(2): 295-310.

[21] 夏咸柱，张乃生，林德贵 . 兽医全攻略犬病 [M]. 北京：中国农业出版社，2009.

[22] 陈海南 . 犬皮肤病综合防治 [J]. 四川畜牧兽医，2020，47(9): 48-50.

[23] 林中天 . 犬猫干眼症及常见眼科异常症状之鉴别诊断 [M]. 台湾：艺轩图书出版社，2004.

[24] 苏凯芳，陈明华，黄墩良，等 . 远离狂犬病防治之路道阻且长 [N]. 泉州晚报，2024-05-29(005).

[25] 孙坤，陈水连，邱劲松，等 . 长沙市狂犬病暴露特征及影响因素分析 [J]. 医学动物防制，2024，40(9): 900-904.

[26] 韦蓉，尹家祥 . 钩端螺旋体病流行过程及其影响因素概述 [J]. 中国人兽共患病学报，2024，40(3): 219-223.

[27] 胡文 . 长沙市宠物犬几种常见体表寄生虫感染的流行病学调查 [D]. 长沙：湖南农业大学，2020.

[28] 王清凤，袁奎超，张桂云，等 . 郑州市宠物犬绦虫病感染状况调查 [J]. 现代

牧业，2021，5(2): 22-24.

[29] 全群丽 . 夏季犬中暑的那些事儿 [J]. 中国工作犬业，2021(7): 60-61.

[30] 宋学成，宁康健 . 动物红外线测温仪与兽用玻璃水银体温计测量犬体温效果的对比 [J]. 黑龙江畜牧兽医，2016(18): 124-125.

[31] 高魁，王剑飞，刘艳琴，等 . 浅谈临床犬骨折的诊断与治疗 [J]. 中国工作犬业，2020(9): 22-23.

[32] 马燕斌，李越鹏，袁占奎，等 . 犬眼睑内翻矫正术 21 例 [J]. 中国兽医杂志，2010，46(5): 61-63.

[33] 殷勤凯，马志强，于晶凤，等 . 一例松狮犬眼睑内翻的诊治 [J]. 吉林畜牧兽医，2021，42(11): 116-117.

[34] 赵艺鸿，吴岩，周威，等 . 一例犬眼睑内翻的诊断与治疗 [J]. 今日畜牧兽医，2020，36(1): 78.

[35] 刘天龙 . 宠物家庭医生：狗 [M]. 北京：北京体育大学出版社，2009.

[36] 贺东 . 一例犬难产的诊断及手术治疗 [J]. 湖北畜牧兽医，2017，38(4): 14-15.

[37] 刘文春，吕俊锦，王立强，等 . 15 例犬子宫蓄脓的诊治 [J]. 中国兽医杂志，2013，49(12): 65-66.

[38] 司文超 . 犬难产的诊断与手术治疗 [J]. 现代畜牧科技，2016(5): 96.

[39] 王冠菊 . 犬的手术去势方法 [J]. 中国动物保健，2011，13(5): 62.

[40] 犬术后常见问题处理及护理 [J]. 北方牧业，2011(9): 25.

[41] 家庭宠物编委会 . 实用养犬手册 [M]. 长春：吉林科学技术出版社，2013.

[42] 周子娟，李昶仪，孔亚杰，等 . SPF 级比格犬在生命科学研究中的应用 [J]. 实验动物科学，2024，41(1): 99-103.

伴侣狗健康生活指南

 **致谢**

《伴侣狗健康生活指南》（以下简称《指南》）的诞生，承载着无数人对生命的善意与责任。在此，我们以最诚挚的心意，向每一位为这份指南付出努力的朋友深深致谢。

致敬专业领航者

衷心感谢指导团队的专家老师们。你们以渊博的学识与无私的奉献，为本书奠定了科学的根基。从犬类生理学原理到行为学解读，从关键理论到实践细节，每一次深夜的讨论、每一处严谨的修正，都让知识的灯塔更加明亮。特别感谢湖南农业大学动物医学院的老师和同学们，你们多年来在伴侣动物领域的深耕，为本书奠定了坚实的学术基础。

感恩同行协作者

感谢参与创作的同学们，你们如同探路者般穿梭在浩如烟海的文献中，将复杂的科研成果转化为温暖的生活指南。那些共同整理的上千份案例、反复验证的养护方案、字斟句酌的科普表达，让专业理论真正走进了寻常百姓家。也要感谢顾问团队的前辈们，凭借数十年临床经验为内容把关，在科学性与实用性之间找到最佳平衡点。

致谢幕后耕耘者

特别感谢湖南科学技术出版社的编辑老师们。你们以出版人的匠心，字字推敲，确保内容专业准确，版式设计兼顾阅读美感，让严谨的知识拥有了打动人心的温度。更要致敬插图画家付华龄女士，笔下那些跃然纸上的灵动身影，让《指南》焕发出生命的光彩。每一根线条的勾勒，每一抹色彩的晕染，都是对犬类伙伴最深情的告白。

铭记支持力量

衷心感谢湖南农业大学与"新农科养殖类专业的课程体系及核心课程建设"项目对本书的资助,为《指南》的编撰与出版提供了坚实的后盾。同时,感谢湖南省畜牧兽医学会、瑞派集团等单位的鼎力支持,让《指南》的每一页都承载着行业的重量。

致每一位读者

最后,将最深的敬意献给翻开这本书的您。您的选择,是对科学养宠理念的认同;您的实践,是在为伴侣狗创造更有尊严的生活。书中若有疏漏之处,恳请不吝指正;若有点滴启发,期盼薪火相传。愿我们以此书为纽带,共同学习、彼此照亮,让人与动物的温情故事,书写在每户家庭的日常之中。

生命与生命的相遇,本就是世间最珍贵的缘分。感恩所有善意汇聚成册,愿这《指南》能陪伴您与毛孩子走向更健康的明天,让我们共同守护这份跨物种的信任,建造充满理解与尊重的美好家园。

谨此鞠躬!

《伴侣狗健康生活指南》编委会
2025 年春

宠物信息

姓名：

性别：

品种：

颜色：

出生日期：

到家时间：

性格：

喜好：

备注：

主人信息

姓名：

联系方式：

地址：

体重记录

日期	年龄	体重

日期	年龄	体重

注射记录

注射日期	疫苗接种	备注

注射日期	疫苗接种	备注

驱虫记录

驱虫日期	驱虫药	备注

驱虫日期	驱虫药	备注

病史记录

日期	病症详情	备注

宠物信息

姓名：

性别：

品种：

颜色：

出生日期：

到家时间：

性格：

喜好：

备注：

主人信息

姓名：

联系方式：

地址：

体重记录

日期	年龄	体重

日期	年龄	体重

注射记录

注射日期	疫苗接种	备注

注射日期	疫苗接种	备注

驱虫记录

驱虫日期	驱虫药	备注

驱虫日期	驱虫药	备注

病史记录

日期	病症详情	备注

图书在版编目（CIP）数据

伴侣狗健康生活指南 / 郑晓峰，汪艳主编 . -- 长沙：
湖南科学技术出版社，2025. 5. --（与生命同行）.
ISBN 978-7-5710-2577-9

Ⅰ . S829.2-62

中国国家版本馆 CIP 数据核字第 2025E5T580 号

BANLÜGOU JIANKANG SHENGHUO ZHINAN

伴侣狗健康生活指南

主　　编：郑晓峰　汪　艳

出 版 人：潘晓山

责任编辑：张蓓羽

书籍设计：心　千

出版发行：湖南科学技术出版社

社　　址：长沙市芙蓉中路一段 416 号泊富国际金融中心

网　　址：http://www.hnstp.com

网购联系：0731-84375808

印　　刷：长沙玛雅印务有限公司

　　　　　（印装质量问题请直接与本厂联系）

厂　　址：长沙市雨花区环保中路188号国际企业中心1栋C座204

邮　　编：410000

版　　次：2025 年 5 月第 1 版

印　　次：2025 年 5 月第 1 次印刷

开　　本：710 mm×1000 mm　1/16

印　　张：9

字　　数：100 千字

书　　号：978-7-5710-2577-9

定　　价：45.00 元